SESSION

DE LA

SOCIÉTÉ GÉOLOGIQUE

DE FRANCE

A MONTPELLIER (Octobre 1868)

COMPTE-RENDU

PAR

PAUL DE ROUVILLE

PROFESSEUR DE MINÉRALOGIE ET DE GÉOLOGIE A LA FACULTÉ DES SCIENCES
DE MONTPELLIER, PRÉSIDENT DE LA SESSION.

MONTPELLIER

TYPOGRAPHIE DE BOEHM & FILS, IMPRIMEURS DE L'ACADÉMIE
Place de l'Observatoire.
1869

AUX MEMBRES

DU CONSEIL GÉNÉRAL DE L'HÉRAULT.

AUX AUDITEURS

Du Cours de Géologie à la Faculté des Sciences.

A TOUS MES HOTES

Dans mes Explorations Géologiques.

J'ai voulu, par cette publication qui n'est qu'une introduction à la Carte Géologique de l'Hérault et à son explication, essayer de répondre à votre initiative libérale et éclairée, à votre goût pour la Géologie, à votre aménité pour le Géologue.

P. DE ROUVILLE.

SESSION

DE

LA SOCIÉTÉ GÉOLOGIQUE

A MONTPELLIER

(Octobre 1868)

INTRODUCTION.

Montpellier a eu, en 1868, la bonne fortune de recevoir la visite de la Société géologique de France. Le département de l'Hérault avait été durant ces dernières années, à plusieurs reprises, l'objet de l'attention et de l'étude d'un grand nombre de géologues du Nord et du Midi; une localité avait en particulier présenté assez d'intérêt pour évoquer les travaux d'une nombreuse série d'observateurs; la rencontre sur un même point de vestiges de populations nombreuses qui ont successivement dans les premiers âges animé la surface de notre globe, avait donné lieu à des discussions fécondes pour la consécration des principes fondamentaux de la science géologique. Cabrières, petit village près de Clermont-l'Hérault, Neffiez dans le voisinage, offrent les monuments nombreux des plus anciennes époques, qui se trouvent généralement peu représentées sur notre sol français.

D'autres formations plus récentes, mais non moins remarquables par la présence de débris organiques rares et spéciaux, s'observent près de Lodève.

Les environs immédiats de Montpellier sont, depuis très-longues années, devenus classiques, et cités à ce titre dans tous les manuels de géologie.

Les régions de Pézenas, d'Agde, de Vias, de Saint-Thibéry, ont été les théâtres de phénomènes volcaniques dont les produits remarquablement intacts nous sont devenus facilement accessibles grâce aux chemins de fer.

L'arrondissement de Béziers, qui renferme Cabrières et Neffiez, offre à lui seul des dépôts de presque tous les âges de la terre, depuis les sédiments formés par des sources incrustantes à peine taries, jusqu'à ces premières générations animales qui ont succédé aux temps durant lesquels notre planète est restée inhabitable.

Si le géologue trouve dans notre département une réunion exceptionnelle d'archives précieuses pour refaire l'histoire des temps qui ne sont plus, l'amateur du beau pittoresque n'y a pas de moindres satisfactions ; les beautés naturelles gracieuses ou sévères éclatent tout près de nous, dans une foule de sites la plupart ignorés malgré leur proximité ; les parties montagneuses des arrondissements de Lodève et de Saint-Pons, les causses, le pays Minervois les présentent sur une vaste échelle ; une localité distante de sept kilomètres de Clermont-l'Hérault, Mourèze, nous les offre sous des formes tout à fait exceptionnelles ; la roche qui s'y trouve, aisément délitée par les agents atmosphériques, y revêt sur une grande étendue la plus bizarre et la plus fantastique physionomie.

L'industrie puise encore dans notre département les ressources les plus variées : depuis la pierre de construction la plus grossière jusqu'aux pierres d'appareil les plus fines et aux marbres les plus beaux et les plus recherchés; depuis les dépôts de combustibles les plus infimes de qualité jusqu'à ces riches provisions de houille dont elle tire un si grand parti ; depuis les minéraux les plus vulgaires, pierres à chaux ou à plâtre, ciments, jusqu'aux minerais de fer et de cuivre , elle trouve sur notre surface un ample aliment.

Il n'y a donc pas lieu de s'étonner que tant de richesses et des éléments si divers, mis en relief par un grand nombre de naturalistes, aient déterminé la Société géologique à choisir le département de l'Hérault pour lieu de ses excursions durant sa session extraordinaire annuelle de 1868.

Elle s'est réunie dans notre ville le 11 octobre et a pu, dès le premier jour, prendre une vue anticipée des différentes formations qu'elle allait reconnaître, dans la collection départementale dont les éléments ont été réunis à la Faculté des sciences, grâce à la libéralité du Conseil général.

Le lendemain et les jours suivants, elle a étudié sur les lieux mêmes les documents pour l'histoire du globe dont nos collections et des Mémoires spéciaux lui avaient donné l'avant-goût : un grand nombre de nos compatriotes se sont joints à elle ; des excursions durant le jour , des séances publiques le soir à Montpellier, Pézenas, Lodève, Bédarieux et Béziers, l'ont tenue en haleine durant dix journées consécutives, sans que le nombre et la longueur des étapes aient ralenti un moment son ardeur; l'intérêt des lieux qu'elle visitait et la gracieuse hospitalité dont elle a été partout l'objet, ne contribuaient pas peu à soutenir son zèle et à la faire triompher des fatigues.

Nous avons tout ensemble la joie et le droit d'affirmer que la réunion de la Société géologique de France dans notre département a été un véritable événement scientifique, dont il y a lieu d'attendre les meilleurs résultats pour le crédit et la propagation du goût des sciences naturelles parmi nos compatriotes.

C'est pour coopérer à ces résultats dans les limites de nos moyens, et prolonger les bonnes impressions reçues, que nous avons rédigé ce compte-rendu des courses de la Société. Pour le rendre plus facile à lire à tous, nous avons cru bien faire de l'éclairer sur le seuil de quelques notions fondamentales de géologie, formulées sans discussion, sous forme de propositions exprimant des faits généraux admis par tous les géologues. Nous avons fait en quelques lignes l'application de ces notions à l'histoire de notre département tout entier, et esquissé sur une Carte à l'échelle infiniment réduite de 1/560 000[1] les principaux délinéaments de sa constitution géologique; les travaux de la Société que nous

[1] La Carte qui accompagne cet exposé est la reproduction, légèrement modifiée au point de vue de la lettre, d'une Carte du département de l'Hérault dressée par Amelin, ancien professeur de dessin à l'école du Génie, pour servir à son *Guide du voyageur dans l'Hérault*, à la date de 1827. Cette carte est donnée comme « indiquant les gisements des volcans, des mines, des carrières »; à cet effet, elle est teintée de sept couleurs désignant sept formations géologiques distinctes; le coloriage, dû au professeur Marcel de Serres, constitue un document important pour l'histoire des connaissances géologiques afférentes à notre sol, dont il sera tenu compte dans nos publications ultérieures; nous aurons en même temps à signaler à leur date et avec leur apport respectif de données nouvelles, les Cartes géologiques générales ou locales de MM. Dufrénoy, Élie de Beaumont, Garella, Graff, Fournet, Taupenot, Émilien Dumas et les nôtres propres, faites isolément ou en collaboration avec ce dernier.

relatons ensuite, seront comme des chapitres particuliers et plus détaillés de cette histoire. On trouvera à la fin, en appendice, l'explication par lettre alphabétique des termes scientifiques marqués en italique dans le texte, qui devaient nécessairement trouver leur place dans le récit.

NOTIONS FONDAMENTALES DE GÉOLOGIE.

1. La terre n'a pas été à son origine ce qu'elle est maintenant.

Comme pour la connaissance des lois qui régissent les astres, on doit se garantir des illusions des sens et introduire la notion de mouvement dans ce qui semble immobile ; de même, la connaissance de notre globe exige qu'on se garde des illusions des apparences, et qu'on admette une succession de phénomènes dans ce qui semble simultané et dater du même jour.

Il en est des matériaux qui constituent le globe comme des individus qui composent une nation ; pour former actuellement un tout qui s'appelle peuple ou globe terrestre, les uns et les autres n'en reconnaissent pas moins des dates respectives de naissance et de formation.

2. Les matériaux qui entrent dans la constitution du globe terrestre sont en très-petit nombre ; on les appelle *roches*.

3. Les uns rappellent par certains de leurs caractères les produits de nos volcans actuels, et ont exigé pour leur formation une température supérieure à la température ordinaire : ce sont les *granites*, les *porphyres*, les *basaltes*, les *gneiss*, les *micaschistes*, les *talcschistes*, etc.

4. Les autres rentrent dans le domaine des produits des eaux à la température ordinaire : ce sont les *calcaires*, les *argiles*, les *schistes*, les *sables*, les *grès* et les *poudingues*.

5. Les roches de la première catégorie ne sont pas disposées en bancs parallèles, elles sont massives, sans joints indiquant des dépôts successifs.

6. Celles de la seconde catégorie sont dites *stratifiées*, c'est-à-dire, disposées en assises parallèles, régulièrement superposées comme des livres placés les uns au-dessus des autres, et le plus souvent imbriquées à la manière des tuiles d'un toit, ou mieux encore à la manière des cartes d'un jeu déployé sur une table.

Cette disposition permet de comprendre que les assises qui occupent la place inférieure ne sont pas nécessairement cachées par celles qui les recouvrent, mais qu'affleurant au-dessous d'elles, elles peuvent occuper à découvert des surfaces plus ou moins étendues. On peut donc constater leur existence et étudier leurs caractères sans avoir besoin de pénétrer au travers de celles qui leur sont superposées.

7. Un autre caractère distinctif entre les deux sortes de roches consiste, pour les premières à ne renfermer jamais de débris de plantes ou d'animaux, pour les secondes à présenter des traces d'êtres organisés : coquilles, ossements, feuilles, fruits, ou simples moules ou empreintes, constituant ce qu'on appelle vulgairement des *fossiles*.

Ces débris se trouvent enveloppés dans la roche quand elle est dure, ou isolés et jonchant le sol quand la roche est meuble ou désagrégée.

8. Ces débris organiques appartiennent à des animaux marins, ou d'eau douce, ou terrestres. Dans le premier cas,

le milieu où le dépôt s'est effectué a été une mer semblable
à nos mers actuelles ; dans le second cas, le milieu a été un
lac, ou amas d'eau douce ; dans le troisième, l'animal qui
a vécu sur terre a été entraîné par des courants.

9. Ces matériaux et ces débris organiques, autrefois dans
les eaux, aujourd'hui à sec, établissent la réalité de changements survenus à la surface du globe, dans la distribution
des terres et des mers ; le sol que nous foulons aux pieds
a pu être autrefois un fond de mer ou de lac.

Des faits incontestables attribuent pour cause à ces changements un mouvement du sol, et non point un simple
retrait ou un simple abaissement de la mer.

10. Les matériaux déposés dans les eaux ont varié de
nature avec le temps dans une même localité, c'est-à-dire,
qu'en un même lieu, calcaires, argiles, grès, poudingues,
ont pu se succéder dans un ordre indifférent et alterner à
plusieurs reprises les uns avec les autres; ou bien l'un d'eux
a pu se déposer durant des temps très-longs, à l'exclusion
de tout autre.

11. Les matériaux déposés dans les eaux n'ont pas été
les mêmes dans le même moment sur toute la surface du
globe, c'est-à-dire que, tandis que dans une localité se
déposait de l'argile, il pouvait se faire des dépôts de
poudingues dans une autre; ici des grès, là des calcaires,
ailleurs des schistes.

Les propositions 10 et 11 peuvent se résumer ainsi:
dans un même moment à la surface du globe, et dans une
même région du globe à divers moments, il a pu se déposer
des matériaux différents.

12. L'ordre de superposition de ces matériaux indique
leur ordre de formation, leur âge relatif ; les plus bas

placés sont naturellement plus anciennement formés que ceux qui les recouvrent. On sait, en vertu de la disposition indiquée dans la proposition 6, qu'ils ne sont pas nécessairement dérobés à notre observation.

15. La vie a commencé à la surface du globe avec les premiers dépôts sédimentaires ; elle s'est continuée jusqu'à nos jours en subissant certains changements parfaitement appréciables, qui se sont accomplis partout à la surface du globe dans le même ordre, d'une manière indépendante de la nature essentiellement variable et locale des dépôts qui s'effectuaient concurremment.

Partout, sur toute la surface du globe, la grande famille des Crustacés connue sous le nom de *Trilobites*, a régné avant celles des *Ammonites* et des *Bélemnites*, animaux analogues à nos nautiles et à nos calmars : les deux dernières ont précédé partout, sur toute la surface du globe, le développement des mammifères.

Nous constaterions le même fait de progression générale et universelle, dans le même sens, sur toute la surface du globe, pour des divisions et des subdivisions de plus en plus réduites du règne animal; il en serait de même pour les végétaux.

14. Chacune de ces évolutions biologiques, par son caractère d'ubiquité, frappe d'un cachet spécial les dépôts sédimentaires successivement formés, en dépit des caractères locaux de ces derniers et de leur distance géographique, et leur imprime un même millésime, en s'élevant à la fonction de vraie médaille.

15. La superposition des dépôts forme dans chaque région une chronologie locale.

16. Les changements dans le règne organique établissent la chronologie générale et universelle du globe.

17. C'est sur cette double base que repose la Géologie : ayant pour mission de relater une succession de phénomènes organiques et inorganiques, cette science rentre de plein droit dans le groupe des sciences historiques.

18. L'histoire du globe se partage en deux ères : une ère primordiale inorganique, durant laquelle notre planète s'est trouvée dans des conditions qui excluaient la vie à sa surface ; une seconde, comprenant tous les temps écoulés depuis l'établissement des conditions compatibles avec la vie.

19. Celle-ci se subdivise en cinq époques marquées par cinq étapes principales du développement du règne organique, qu'on a appelées d'après leur ordre sérial naturel :

Époque primaire ;

— secondaire ;

— tertiaire ;

— quaternaire.

L'ordre de choses actuel constitue une cinquième époque, ou Époque actuelle.

20. Chacune de ces époques comprend des périodes établies sur des subdivisions que les cinq étapes organiques susdites ont paru susceptibles de reconnaître :

L'ÉPOQUE PRIMAIRE, dont les archives sont particulièrement riches en Angleterre, renferme les périodes *silurienne*, *devonienne*, qui empruntent leur nom au pays des anciens Silures, dans le pays de Galles et au comté de Devonshire, dans lesquels elles ont été plus particulièrement étudiées. La période *carbonifère*, contemporaine des grands dépôts de charbon de terre ou de houille ; enfin, la période *permienne*, qui a laissé de nombreux témoins en Russie, dans le Gouvernement de Perm.

L'ÉPOQUE SECONDAIRE comprend trois périodes : la première, la plus ancienne, présentant en Allemagne, où elle est le mieux représentée, trois groupes distincts s'accompagnant d'ordinaire, et appelée pour cela *triasique* (du nombre trois) ;

La seconde, dont les dépôts se trouvent constituer nos montagnes du Jura, d'où son nom de *jurassique* ;

La troisième, à laquelle la craie graphique, substance blanche dont nous nous servons pour écrire sur les tableaux noirs, a paru longtemps spéciale, d'où son nom de période *crétacée* (de *creta*, craie).

L'ÉPOQUE TERTIAIRE a été subdivisée par divers auteurs en périodes plus ou moins nombreuses, ayant chacune un nom tiré de la localité où elle a laissé le plus de vestiges ; nous les réduirons, avec les géologues anglais, à trois principales, que nous appellerons avec eux : *éocène*, *miocène*, *pliocène*, désignations marquant l'aurore (ἕως) et les progrès toujours plus accentués (μεῖον, πλέον) de l'établissement des formes organiques récentes (καινός).

L'ÉPOQUE QUATERNAIRE ne reconnaît pas encore de périodes distinctes suffisamment caractérisées.

L'ÉPOQUE ACTUELLE comprend l'état actuel du règne organique, tant sous le rapport des espèces et des genres existants que sous celui de leur répartition géographique.

21. Nous énumérons ces divisions des temps géologiques dans le tableau suivant :

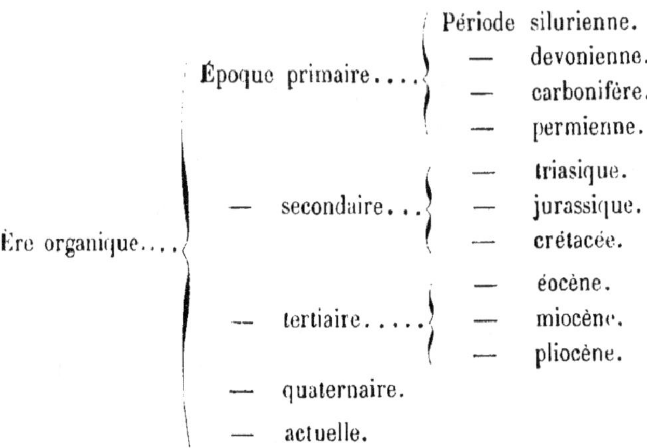

22. A toutes les époques de l'Ère organique, des masses minérales venant de l'intérieur du globe se sont épanchées au dehors, en même temps que des eaux et d'autres substances en vapeur et des gaz de diverses sortes se sont fait jour et se sont condensés dans leurs conduits intérieurs et à la surface du sol.

Ces divers matériaux éruptifs sont des granites différant par leur caractère de ceux de l'ère inorganique, des porphyres, des basaltes, etc., et avec eux toutes les matières qui constituent les filons métalliques.

23. On reconnaît que ces divers matériaux sont arrivés de bas en haut aux faits suivants :

Ils ont une grande analogie de structure et de composition avec les laves que nous voyons sortir des cratères de nos volcans.

Ils coupent dans un sens oblique et souvent transversal les dépôts sédimentaires à travers lesquels ils se sont fait jour.

Ils ont quelquefois arraché des fragments de ces derniers, les ont englobés dans leur masse et, sinon fondus, du moins notablement altérés.

Les surfaces enduites d'émanations métallifères constituant les filons métalliques, rappellent les conduits de cheminée noircis par la suie, qui se détachent si nettement par leur couleur sur les parois de nos maisons en démolition.

Nous aurons lieu d'en relater un certain nombre quand nous raconterons les courses de la Société.

24. Les Périodes ne sont pas les divisions les plus réduites des temps géologiques. On comprend qu'un examen minutieux des diverses associations organiques qui se sont succédé à la surface du globe, puisse y faire reconnaître des groupes de plus en plus circonscrits qui mesureront des espaces de temps subordonnés aux périodes.

25. L'usage a prévalu de donner le nom de *terrain* à l'ensemble des dépôts effectués durant une même évolution organique, de quelque importance ou de quelque ordre qu'elle soit : de là, la synonymie indifférente du mot *terrain* avec les notions d'*Époque* et de *Période*, et quelquefois même avec celle de groupes de moindre valeur.

APPLICATION DES NOTIONS FONDAMENTALES DE GÉOLOGIE A L'HISTOIRE GÉOLOGIQUE DU DÉPARTEMENT.

L'Ère inorganique se trouve particulièrement représentée dans la région N.O. du département faisant partie des arrondissements de Saint-Pons et de Béziers ; de cette ère datent les matériaux qui constituent la chaîne de la montagne Noire, laquelle se prolonge et se termine, dans l'Hérault, aux bains de Lamalou près de Bédarieux; une dorsale granitique y court de l'est à l'ouest, flanquée au nord et au sud de gneiss, de micaschistes et de schistes quartzeux. La montagne du Caroux, qui se dresse au N.O. de Lamalou, à une hauteur de 1093 mètres, est un magnifique exemple des roches appelées gneiss et micaschiste. Son sommet est en forme de large plateau d'où l'on découvre, pour le plus grand charme du touriste et le plus grand profit du géologue, une vaste étendue du département; très-facilement accessible du côté de Douch, elle présente vers le sud un abrupt escarpé, et sur la droite d'immenses déchirures, précipices sans fond aux flancs desquels on s'étonne d'apercevoir quelques rares habitations humaines.

Contre la montagne Noire ainsi constituée et marquée dans notre Carte des lettres *Gr*, s'appuient d'autres matériaux désignés des lettres *Sc*, qui se distinguent des premiers par une structure moins cristalline; on n'y voit plus de grains miroitants, de paillettes brillantes; la couleur générale est plus terne, la texture plus argileuse: ce sont des schistes plus ou moins secs, fournissant des ardoises grossières et des calcaires généralement compactes, quelques-uns blancs et saccharoïdes, d'autres diversement colorés, exploités comme marbres dans plus d'une localité. A cette différence, tirée de la nature et des caractères physiques, s'en joint une autre d'un ordre supérieur: ces roches contiennent des débris organiques dont la forme rappelle les organismes vivant dans la mer, et dont les espèces se rapportent aux premières manifestations de la vie sur le globe.

Ces calcaires et ces schistes ont donc été déposés dans les eaux: ces eaux salées ont dû baigner les roches de la montagne Noire, qui formaient alors falaise et continent, comme nos roches de Cette forment aujourd'hui barrière de terre ferme à la Méditerranée.

A l'époque où ces eaux battaient ainsi les bords de ce premier relief, c'est-à-dire à l'aurore de l'ère organique, notre département se trouvait donc uniquement réduit à la région de l'Espinouse; tout le reste de son étendue formait un vaste fond de mer.

Le globe était alors à son époque primaire ; les dépôts succédaient aux dépôts, et la vie, qui avait commencé pour ne plus s'interrompre à travers les âges, marquait de son empreinte les matériaux qui s'accumulaient ; les conditions de haute mer continuaient de présider au grand travail de la sédimentation: crustacés connus sous le nom de trilobites, mollusques des eaux salées, poissons, polypiers, animaient de leurs générations successives ces temps océaniques ; c'est ainsi qu'aujourd'hui même au fond de nos eaux salées actuelles, les vases, les matières détritiques entraînées par les fleuves, se déposent et enveloppent les dépouilles des animaux qui meurent.

Tout continuait ainsi d'une manière uniforme, lorsque, à la fin des périodes silurienne et devonienne, des conditions nouvelles vinrent à s'établir.

A la surface de terres sorties du sein des eaux, une végétation analogue à la tourbe, accompagnée de fougères arborescentes et rappelant quelques-unes de nos régions chaudes et humides, vint à prendre possession du globe, et forma de ses débris longuement accumulés, ces amas considérables de charbon qui, sous le nom de houille, sont l'âme de notre industrie; en même temps un régime d'eaux superficielles et torrentielles alternait avec ces longues périodes de végétation. Nous trouvons des représentants de ces dépôts au nord de Saint-Gervais, dans une bande étroite (H) commençant au Bousquet d'Orb et se prolongeant dans le Tarn ; nos richesses charbonneuses de Graissessac datent de ce moment; nous les retrouvons à Neffiez, près de Roujan.

Notre département était à cette époque sorti tout entier peut-être du sein de la mer, et formait une vaste région tourbeuse dont la végétation et les inondations limoneuses et caillouteuses usurpaient tour à tour le sol.

Quoi qu'il en soit, la mer vint plus tard reprendre son domaine et ne respecta plus que la partie septentrionale et moyenne des arrondissements de Saint-Pons et de Béziers ; deux lignes dont l'une se dirigerait de la localité d'Hautpoul située au nord-ouest d'Olonzac, vers Péret au sud de Clermont-l'Hérault, et l'autre joindrait Péret à Rocosels, à la limite de l'Aveyron, formeraient un angle dont l'ouverture correspondrait à la portion de notre département émergée dès la fin de l'époque primaire et demeurée depuis lors continentale.

A ce moment s'opérait sur le globe une nouvelle évolution organique caractérisée par des reptiles monstrueux et par les représentants des familles aux formes si variées des ammonites et des bélemnites.

L'époque secondaire succédait à l'époque primaire.

Les schistes et les calcaires compactes sont remplacés par des sédiments de nature différente, dont les dépôts détritiques contemporains de la houille semblent être les précurseurs : argiles, marnes, calcaires généralement marneux et argileux, grès, poudingues, plus rarement sables, tel est le régime pétrographique nouveau qui caractérise les premiers dépôts secondaires.

Parcourons le sol aujourd'hui asséché de la mer dont nous avons indiqué les contours ; examinons les roches qui constituent à peu près tout l'arrondissement de Lodève et la moitié septentrionale de celui de Montpellier ; nous constaterons partout cette succession de matériaux essentiellement sédimentaires qui, dans leurs bancs et leurs joints de couches et les nombreux débris organiques qu'ils renferment, nous décéleront plus éloquemment que tous ceux qui les ont précédés, l'intervention de l'élément aqueux.

Nous verrons d'abord des roches infiniment variées de couleurs et constituant généralement des bordures étroites en dessous d'abrupts formés d'une roche plus homogène et plus terne et non moins nettement stratifiée; ce sont des grès et des marnes présentant toutes les nuances de l'arc-en-ciel, et fournissant des matériaux pour pierres de construction et meules de moulin ; ils supportent le massif du Larzac, sous lequel ils se déroberaient complètement à nos regards, si des cassures opérées dans le massif ne les mettaient à jour dans les vallées profondes qui irradient autour de Lodève vers le Caylar et vers Lunas ; ces dépôts se sont effectués durant la période triasique; ils sont désignés dans la Carte par les lettres *Tr*.

Bien moins variés de couleur et de nature sont ceux qu'ont vus se déposer dans notre département les périodes jurassique et crétacée; le plateau du Caylar, la chaîne de la Serane qui s'étend depuis Ganges jusque vers Lodève et dont les massifs du Saint-Loup, du bois de Valène et de Cournonterral, font partie, nos garrigues plus humbles de La Valette et du Crès, la petite chaîne de la Gardiole qui part de Villeneuve et se termine à la montagne de Cette, après une solution de continuité où se loge une portion de étang de Thau, ne sont autre chose qu'une masse presque exclusivement calcaire déposée durant l'époque secondaire, sortie, depuis, du sein des eaux, et qui, par ses caractères, dénote comme ayant régné durant tout le temps de son dépôt un ensemble de phénomènes remarquablement calmes et uniformes. Les dépôts de cet âge portent la lettre J dans notre Carte.

L'orographie générale trahit elle-même les différences de composition. Rapprochez le mamelonné des montagnes granitiques et schisteuses de Saint-Pons et de Saint-Gervais aux crêtes aiguës, aux pentes ébouleuses, aux dépressions irrégulières souvent profondément ravinées, des formes tabulaires des montagnes calcaires du nord de Lodève et de Montpellier aux bords abrupts, aux contours arrêtés, aux parois verticales, aux vallées étroites ; vous serez frappé de contrastes que la végétation spontanée vient encore accentuer : le sol facilement mouillé des premières se tapisse de gazon, se revêt de bruyères ; l'eau y serpente et y circule par mille conduits ; le calcaire, au contraire, tout à fait perméable, absorbe l'eau qui s'infiltre au travers de ses mille fissures ; la roche est toujours nue, impitoyablement lavée par les eaux sauvages, impitoyablement brûlée par le soleil.

C'est ainsi que tout se tient dans la nature, et qu'une étroite solidarité relie les moindres détails de structure des différentes parties de notre globe ; ajoutons à regret que l'homme semble se plaire à exagérer ces oppositions, en ajoutant encore à la rigueur des éléments, par sa triste coutume de dépouiller le sol du seul abri efficace que des bois touffus opposeraient à leurs effets destructeurs.

Des traits tout aussi frappants se retrouvent dans la structure et la composition, non moins que dans le caractère organique des dépôts qui se sont formés durant l'époque tertiaire; après la disparition de la dernière ammonite, un monde nouveau s'est peu à peu établi à la surface du globe: c'est le règne des mammifères qui commence; ces représentants des vertébrés les plus élevés dans l'échelle zoologique prennent, à partir de ce moment, un développement en disproportion avec leurs rares précurseurs des époques antérieures. En même temps, de grandes masses d'eau douce, dont on retrouve à peine les traces aux temps primaire et secondaire, s'établissent à la surface de la terre, donnant lieu sur de grandes étendues à un régime de choses qui rappelle à certains égards la constitution actuelle de l'Amérique du Nord, aux vastes lacs, vrais océans d'eau douce.

Le globe se partage dès-lors comme aujourd'hui en mers, terres et lacs, et les animaux et les végétaux, de leur côté, tendent à revêtir des physionomies qui semblent annoncer les formes organiques contemporaines.

Il y a plus : sur un même point géographique on a pu reconnaître la succession et le retour de milieux tout différents, et des dépôts lacustres ont été trouvés recouvrant des dépôts de mer et, à leur tour, recouverts de sédiments exclusivement marins, témoignages irrécusables de mouvements du sol en des sens divers qui ont radicalement changé en divers temps le rôle géographique d'une même surface.

Notre Carte retrace les contours de ces bassins de nature différente qui se sont tour à tour établis dans notre département. Reprenons la ligne que nous avons menée de la petite localité d'Hautpoul à celle de Péret; prolongeons-la vers le nord jusques au Bosc, à l'est de Lodève; joignons par une courbe sinueuse les lieux dits le Bosc, Arboras, Puéchabon, Argeliès, Vailhauqués, Saugras, Murles, les Matelles, Prades, Saint-Bauzille, Clapiès, Buzignargues et Garrigues; nous aurons divisé notre département en deux moitiés irrégulières dont la plus septentrionale constituait, à l'époque de l'établissement du régime des eaux lacustres, toute la partie émergée du département, à part de petits ilots allongés formant écueils dans la masse aqueuse qui recouvrait la moitié sud ; ces ilots correspondent aux garrigues de Cruzy, Villespassans, Cazouls-lez-Béziers, Cournonterral, le Crès, La Valette, la Gardiole et Castries.

Ce régime lacustre, au dire de certains auteurs, débuta dans notre pays vers la fin de l'époque secondaire; d'autres le placent au commencement de l'époque tertiaire; cette première nappe d'eau douce recouvrit une partie des départements de l'Aude et de l'Hérault, et s'étendit jusqu'en pleine Provence. La portion de ces dépôts laissée à découvert se trouve marquée sur notre Carte dans tous les lieux portant la lettre G; c'est d'abord une vaste région sise au sud de Saint-Chinian et disparaissant sous des dépôts plus récents à un kilomètre au nord de Puissergnier; c'est ensuite une région plus étroite, mais n'ayant pas moins de vingt kilomètres de longueur, qui s'étend de Vendémian au sud de Gignac jusques aux portes de Montpellier; enfin quelques témoins en subsistent près de Clapiès et de Saint-Geniès; on en retrouve un à l'est de Bédarieux. Ces sédiments sont partout remarquables par leur couleur rutilante.

Les dépôts qui les recouvrent sur une partie de leur étendue, attestent la succession sur ces mêmes points d'un régime totalement différent, celui-ci exclusivement marin,

les débris organiques contenus dans les roches recouvrantes appartenant tous à des formes qu'on ne trouve que
dans la mer: *arches, pectoncles, cythérées, peignes*, etc...
Un phénomène organique singulier, c'est la multiplication
prodigieuse en ce même moment et sur des surfaces de
notre globe extrêmement étendues, d'un même groupe d'a-
nimaux appartenant aux derniers échelons de la série
zoologique, et qu'on appelle *nummulites*, à cause de leur
forme de petite monnaie (*nummulus*); nous retrouvons
des traces de ce phénomène dans notre département, sur
une bande étroite qui longe la montagne Noire depuis
Hautpoul jusque vers Cessenon. Les roches pittoresques du
pont naturel de Minerve, les berges abruptes de la Cesse et
le plateau qui s'étend sous le nom de *causse* au nord de la
Caunette et d'Assignan, sont constitués par un calcaire (*n*)
presque entièrement pétri de petits animaux de la même
famille.

Après un certain temps, la mer perd de son terrain :
une partie de son fond émerge et s'ajoute au continent
préexistant; une autre partie forme, en s'exhaussant, une
dépression favorable à l'accumulation des eaux pluviales :
un régime exclusivement lacustre s'établit à nouveau dans
nos contrées : c'est l'époque où des animaux terrestres in-
connus aujourd'hui, parmi lesquels les *Lophiodons* et après
eux les *Palæotheriums* vivaient sur les hauteurs. Après leur
mort, leurs squelettes entraînés par les eaux allaient s'en-
fouir au fond du lac et se mêler aux dépouilles des animaux aquatiques de toutes sortes, *Physes, Lymnées,
Paludines*, etc., leurs contemporains. La vaste surface
lacustre (L) embrassait toute la partie méridionale de l'Hérault, une grande portion des départements du Gard et des

Bouches-du-Rhône. Ces lieux, alors fonds de lac, aujour-
d'hui à sec, doivent leur situation continentale actuelle à
un mouvement du sol qui fut suivi, après un intervalle dont
nous ne pouvons estimer la durée, d'un mouvement en
sens contraire ou d'affaissement, à la suite duquel la mer
envahit à nouveau toutes les parties submersibles.

De vastes amas d'argile, des bancs puissants de calcaires
comblent son fond et enveloppent de nombreux mollusques,
Huîtres, *Solens*, *Tellines*, *Vénus*, etc., et les énormes cé-
tacés qui animaient ces eaux ; ils nous donneront plus tard
notre *tap bleu* et notre *calcaire moellon*, qui jouent un
rôle si considérable dans nos environs, le premier occupant
de vastes surfaces en Languedoc, où il fournit les matériaux
pour nos briques et nos tuiles grossières, le second nous
livrant les pierres d'appareil de valeurs différentes, que
nous retirons des carrières de Beaucaire, et plus près de
nous, de celles de Castries, de Vendargues et autrefois de
Boutonnet. Cette mer, dont les dépôts sont désignés dans
notre Carte par la lettre M, a les bords très-sinueux; elle
pénètre au nord et vient battre la falaise secondaire au nord
d'Arboras et de Montpeyroux, dont elle corrode les rochers
de ses flots ou les perce de ses coquilles lithophages : elle en
a fait de même sur les roches de la falaise lacustre qui la
limite au centre et à l'est.

Les siècles s'ajoutent aux siècles, les dépôts s'accumu-
lent, les organismes particuliers à ces temps se succèdent,
mais ils ne se perpétueront pas à jamais; ils décroissent,
ils vont s'éteignant. D'autres types arrivent. A la fin, une
évolution organique nouvelle s'est accomplie: la Période
miocène, pendant laquelle se sont déposés dans notre pays
les argiles bleues et le calcaire moellon, avait remplacé la

Période éocène, contemporaine des couches à nummulites et des sédiments à Lophiodons et à Palœothériums ; elle fait place à son tour à la Période pliocène.

La mer subsiste encore, mais elle a reculé. Un exhaussement général du sol s'opère, qui la refoule au midi ; elle n'atteint plus qu'aux portes mêmes de Montpellier. Elle a abandonné toute la portion occidentale du département, pour ne baigner plus qu'une lisière presque littorale marquée de la lettre S sur notre Carte. Le dépôt est à peu près exclusivement sableux. On connaît les sables de nos quartiers dits le Sablas, la Pompignane, sur la rive gauche du Lez au sud de Castelnau ; on connaît ceux qu'on exploite dans nos faubourgs de Figuairolles et de Saint-Dominique. Descendez dans une de ces sablières, vous y verrez de grands abrupts constitués par une roche meuble : ce sont les sables dits *Sables supérieurs de Montpellier*. On y voit bien quelques traces de couches argileuses, mais le sable domine, et dans son épaisseur vous constaterez la présence de vrais bancs d'huîtres, *Ostrea undata*, aussi différentes des huîtres des mers antérieures que de celles de la Méditerranée. Indépendamment d'autres coquilles exclusivement marines, on y recueille encore des ossements de grands animaux terrestres, de mastodontes et de rhinocéros, épaves des inondations qui ont balayé les surfaces continentales voisines successivement agrandies par suite des mouvements successifs du sol , et entraîné dans les eaux de la mer les débris des roches et des animaux.

Encore quelques siècles, et la mer pliocène reculera pour constituer la mer actuelle, dont les dépôts marins et les sédiments lacustres antérieurs forment aujourd'hui les bords. Le département de l'Hérault se trouvera dès-lors entièrement constitué ; la portion du continent qu'il forme sera sortie tout entière du sein des eaux.

Toutefois, hâtons-nous de le dire, les conditions hydrographiques et météorologiques actuelles, les formes organiques contemporaines, n'ont pas encore pris possession de l'espace et du temps.

Un régime intermédiaire assez spécial pour caractériser une véritable époque, l'Époque quaternaire, a précédé l'établissement définitif de l'état de choses contemporain. Sur de larges surfaces de notre département, à de grandes distances de nos cours d'eau importants, à des altitudes de beaucoup supérieures à celles que peuvent aujourd'hui atteindre les plus hautes crues, s'étendent de vastes nappes de limon et de cailloux, indiquant, par le volume des fragments entraînés et l'aire de leur diffusion, des phénomènes de transport énergiques.

Notre Carte indique au moyen de hachures et d'un pointillé, deux de ces nappes superficielles particulièrement remarquables : l'une forme un vaste triangle dont les sommets correspondraient à Roujan, Vendres et Marseillan ; l'autre, prolongement du cailloutis de la Crau, viendrait mourir sur nos coteaux de Grammont et de Mont-Regret. Une zone médiane les relie toutes deux sous nos fondations mêmes, et présente un manteau de graviers siliceux sur la plupart des hauteurs de nos environs. D'autres témoins plus restreints de la nappe primitive sont marqués sur notre Carte, et portent la lettre C. On les trouve au nord de Cruzy, de Murviellez-Béziers, à l'est de Magalas, entre Aspiran et Nisas, sur les hauteurs de Celleneuve ; la ville de Béziers et les collines qui l'entourent au Nord et à l'Est présentent des dépôts limités du même cailloutis, autrefois continus, au-

jourd'hui morcelés. Ces matériaux de transport formant une
bande littorale de Vendres à Marseillan, ne sont pas sans
influence sur les conditions hydrographiques spéciales à
cette contrée si favorisée au point de vue des puits artésiens
(Villeneuve, Cers, Agde, etc.).

Durant l'époque quaternaire, le monde organisé ne comptait plus que des formes actuellement vivantes ; les mastodontes avaient disparu, du moins de notre Europe. Les
éléphants, les ours, les rhinocéros, ne différant des nôtres
que sous le rapport des espèces, mais autrement répartis
qu'aujourd'hui, peuplaient nos régions et mêlaient leurs
débris aux fragments des roches qu'entraînaient les eaux
et qu'elles abandonnaient dans les dépressions et dans les
cavités naturelles qui se trouvaient ouvertes sur leur passage. C'est alors que se formèrent ces accumulations si cu-
rieuses qui, comblant nos grottes, nous ont livré ces vestiges
de générations dont l'homme lui-même a été le contemporain. Nos grottes de Lunel-Viel, de Fauzan, de Ganges, etc. ; nos brèches osseuses de Bourgade près de La Valette, de Cette, etc., sont des exemples classiques de cette
sorte de dépôts si étrangement différents de ceux que nous
avons reconnus aux époques antérieures.

Un autre événement datant de cette époque, non moins
important pour l'histoire de notre département, c'est le
commencement, aux temps quaternaires, des opérations des
agents naturels qui ont abouti au creusement de nos vallées
et à la configuration actuelle de notre relief. Les mouvements dynamiques que nous avons eu l'occasion de constater
depuis le premier établissement du sec dans nos contrées,
jusqu'à l'émersion des dernières surfaces continentales du
département, avaient eu pour résultat l'exhaussement de

masses informes, dont le mamelonné primitif n'avait aucun rapport avec le modelage et le façonnement qu'elles ont reçus depuis, de l'action incessante des agents atmosphériques. L'existence, à des altitudes de cent mètres, d'un terrain de transport dans l'épaisseur duquel sont creusées nos vallées, établit l'antériorité, par rapport aux dépressions actuelles, de vastes surfaces horizontales sur lesquelles s'exerça l'action des eaux courantes. L'opération du creusement s'est opérée avec lenteur et progressivement, ainsi qu'en témoignent les anciens niveaux, si bien marqués sur les berges de nos moindres cours d'eau par des terrasses ou de simples lits de cailloux.

C'est encore à l'époque quaternaire, postérieurement à la diffusion des terrains de transport sur les hauts plateaux, que s'opèrent à la surface du sol de grands épanchements de matière fluide dont l'Etna et le Vésuve nous offrent des exemples contemporains ; à des altitudes qui témoignent de l'ancien niveau général de notre surface continentale avant son modelage actuel, on trouve de grandes nappes de matière solide recouvrant des amas de matériaux hétérogènes généralement peu cimentés, les uns et les autres rappelant par leurs caractères physiques et leur composition les produits d'un certain nombre de déjections volcaniques modernes.

De nombreuses coulées aux environs de Pézenas, le mont Saint-Loup d'Agde avec ses cônes multiples de scories, les monts Saint-Thibéry avec leur colonnade prismatique, consacrent par leur présence l'activité dynamique qui s'est déployée à cette époque dans nos régions, et tout ensemble l'infinie variété des événements dont notre département semble avoir été, à toutes les phases de son histoire géologique, le théâtre privilégié.

Quelques phénomènes de second ordre semblent établir une transition entre l'époque quaternaire et l'époque actuelle ; le tuf ou travertin de Castelnau, de la plaine de Foncouverte près de Montpellier, celui de Vendres au sud de Béziers, et tant d'autres, indiquent par leur position et leur puissance, comme aussi par les espèces végétales dont ils ont encroûté les tiges et les feuilles, de légères modifications dans la condition hydrologique et biologique de cette période intermédiaire entre les temps actuels et ceux qui ne sont plus.

Nous voici arrivés à l'époque contemporaine ; nous venons d'assister à l'établissement des régimes biologique, hydrographique et météorologique actuels, et de clore l'extrême période des temps géologiques : le rôle de l'historien commence, celui du géologue est terminé.

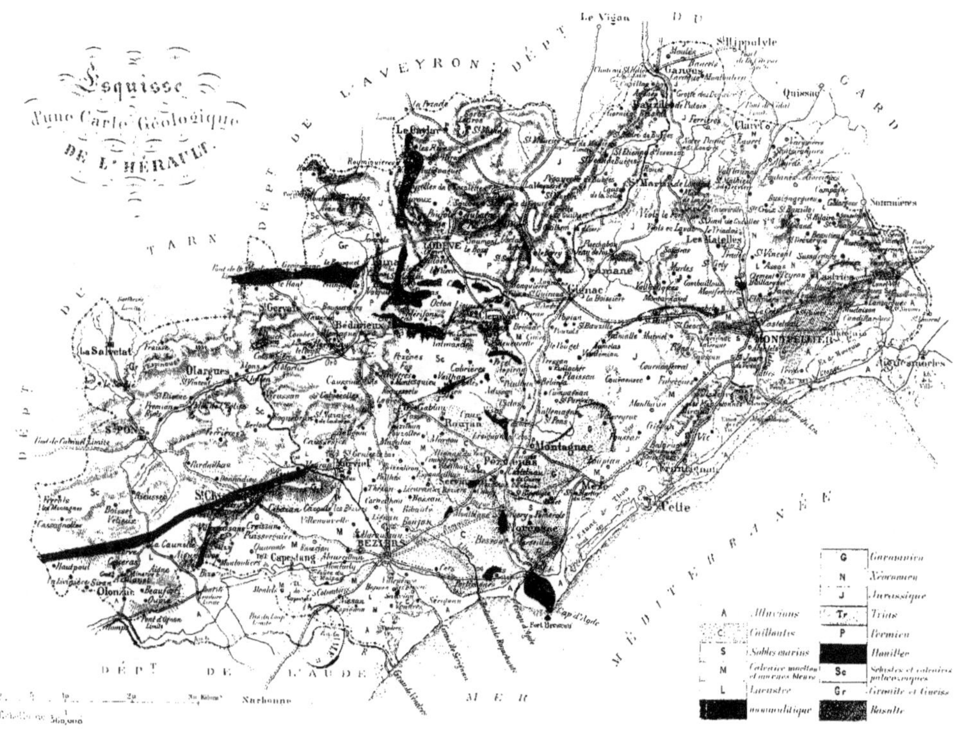

Esquisse
d'une Carte Géologique
DE L'HÉRAULT
DÉP.T DE L'AVEYRON
DÉP.T DE TARN
GARD
Le Vigan
St Hippolyte
Ganges
Lodève
Bédarieux
St Gervais
La Salvetat
Olargues
St Pons
St Chinian
Olonzac
Capestang
Béziers
Montagnac
Pézenas
Mèze
Cette
Agde
Montpellier
MÉDITERRANÉE
DÉP.T DE L'AUDE
Narbonne
MER
G   Garumnien
N   Néocomien
J   Jurassique
Tr   Trias
P   Permien
A   Alluvions
C   Cailloutis
S   Sables marins
M   Calcaire moellon et marnes bleues
L   Lacustre
Sc   Schistes et calcaires paléozoïques
Gr   Granite et Gneiss
Houiller
Nummulitique
Basalte

ro[illegible]

ga
qu
da
du
te
e
f
ii
ei
les
se
plu

Be
[illegible]
8
—9

(de
dés
vue
sud
ici l
mer
la d

COMPTE-RENDU DES COURSES FAITES PAR LA SOCIÉTÉ GÉOLOGIQUE
DANS LE DÉPARTEMENT.

Les comptes-rendus qui suivent relatent, dans un langage que nous avons essayé de rendre aussi peu technique que possible, les principaux faits observés par la Société dans chacune des dix journées qu'elle a consacrées à l'étude du département. Des Cartes spéciales où sont inscrites toutes les localités dont il est fait mention, quelques coupes et de nombreux diagrammes[1], permettent de suivre pas à pas l'itinéraire qui a réglé sa marche. Nous en transcrivons ici les différentes étapes, telles qu'elles ont été arrêtées par elle dès la première séance; elles pourront servir à diriger les personnes qui voudront, sur les traces de la Société, se livrer à la reconnaissance des formations géologiques les plus intéressantes de l'Hérault :

JOURNÉE DU LUNDI 12 OCTOBRE.

Boutonnet. — La Valette. — Montferrier. — Saint-Gély. — Grabels. — Caunelles.

7 heures du matin, départ en voiture du Peyrou (déjeuner dans le sac).
8 heures, départ de La Valette. — 9 heures, départ de Montferrier.
— 10 1/2, arrivée à Saint-Gély.— Midi, départ de Saint-Gély.— 1 heure

[1] Nous devons ces diagrammes à notre excellent confrère M. Munier (de Frontignan), dont le talent a su triompher des conditions très-désavantageuses résultant de la rapidité extrême de nos courses; les vues de Montferrier, de Saint-Siméon et des collines de Cabrières au sud du pic, sont dues à un autre de nos confrères dont nous remercions ici le crayon anonyme. M. Munier, dont nous retrouverons ultérieurement le nom sous notre plume, a bien voulu s'imposer en notre faveur la double tâche de dessinateur et de lithographe.

du soir, arrivée à Grabels. — 4 heures, arrivée à Caunelles. — 5 heures, départ pour Montpellier.

JOURNÉE DU MARDI 13 OCTOBRE.

Le matin : Plage. — Cordon littoral.

7 heures du matin, départ en voiture de la grille de l'hôtel Nevet. 8 heures, arrivée à Carnon. — 9 heures, départ pour Montpellier.

Le soir : Mollasse. — Tufs de Castelnau. — Sables de Montpellier.

11 heures 25, départ par le chemin de fer pour la gare de Saint-Aunès. Midi, départ pour Vendargues. — 1 heure 1/2, départ pour le Crès. — 3 heures, Castelnau. — 4 heures, la Pompignane. — 5 heures 1/2, retour à Montpellier.

JOURNÉE DU MERCREDI 14 OCTOBRE.

Départ de Montpellier pour la partie Ouest du département.

(On ne revient plus à Montpellier.)

6 heures du matin, départ en voiture de la grille de l'hôtel Nevet (déjeuner dans le sac).

9 heures 1/2, souterrain du chemin de fer à l'ouest de Villeveyrac. — Midi et demi, abbaye de Valmagne. — 1 heure du soir, rochers de Valmagne, mas de Novi. — 4 heures, départ en voiture pour Pézenas. — 5 heures, colline de Marennes. — 7 heures, dîner à Pézenas. — 8 heures 35 minutes, départ par le chemin de fer pour Agde ; on couche à Agde.

JOURNÉE DU JEUDI 15 OCTOBRE.

Le matin : Région volcanique d'Agde.

6 heures du matin, départ en voiture pour le cap d'Agde. — 6 heures 1/2, sémaphore. — 8 heures 1/2, le cap et la conque. — 9 heures, retour à Agde. — 10 heures 30 minutes, départ en chemin de fer pour Pézenas. — 11 heures 1/2, déjeuner à Pézenas.

Le soir : Environs de Pézenas.

1 heure du soir, départ pour Saint-Siméon et le Riège. — 5 heures, retour à Pézenas.

JOURNÉE DU VENDREDI 16 OCTOBRE.

Trias. — Terrains primaires de Neffiez et de Cabrières.

7 heures du matin, départ de Pézenas en voiture (déjeuner dans le sac).
8 heures, Roujan. — 9 heures, moulin de Faytis. — 10 heures, Le Glauzy. — 3 heures du soir, mine de houille de Caylus (départ en voiture). — 4 heures, Combe d'Isarne. — 5 heures 1/2, arrivée à Cabrières. On dîne à Cabrières et on y couche.)

JOURNÉE DU SAMEDI 17 OCTOBRE.

Devonien de Cabrières. — Jurassique. — Mourèze.

6 heures et 1/2 du matin, départ. — Ascension du pic de Cabrières. — 10 heures 1/2, retour à Cabrières et déjeuner. — Midi, départ en voiture pour Mourèze. — 1 heure 1/2 du soir, départ à pied pour Clermont. — 6 heures, arrivée et dîner à Clermont. — 8 heures 38 minutes, départ en chemin de fer pour Lodève. — 9 heures 35 minutes, arrivée et coucher à Lodève.

JOURNÉE DU DIMANCHE 18 OCTOBRE.

Région de Lodève.

7 heures du matin, départ à pied (déjeuner dans le sac).
9 heures, La Tuilière. — 11 heures, Fozières. — Midi, Soubès (déjeuner). — 1 heure du soir, départ en voiture pour l'Escalette. — 5 heures 1/2, retour à Lodève.

JOURNÉE DU LUNDI 19 OCTOBRE.

Route de Lodève à Bédarieux.

7 heures du matin, départ en voiture de l'hôtel du Nord.
9 heures, l'Escandolgue. — 11 heures, le bousquet d'Orb (déjeuner ; invitation de M. Simon, directeur de Graissessac). — 4 heures du soir, départ pour Bédarieux. — 6 heures, arrivée et dîner à Bédarieux.

JOURNÉE DU MARDI 20 OCTOBRE.

Matinée au choix des membres de la Société, à Graissessac ou à Lamalou.
(Séance de clôture à Béziers.)

1. *Graissessac.* — Départ à 5 heures du matin (déjeuner à Graissessac ; départ de Graissessac à 1 heure 15 minutes pour Béziers.

2. *Lamalou*. — Départ en voiture à 7 heures, arrivée à 8 heures à Lamalou. — 11 heures, retour par Bédarieux. — Midi, déjeuner à Bédarieux; 1 heure 35 minutes, départ pour Béziers; le soir, arrivée à Béziers à 4 heures (dîner à 6 heures).

Nous faisons, pour la meilleure intelligence du texte, précéder nos comptes-rendus d'un tableau comprenant dans leur ordre chronologique toutes les formations qui seront signalées [1]; ce tableau fait pénétrer le lecteur dans les subdivisions des périodes auxquelles nous faisions allusion, pag. 16, n° 24; nous croyons inutile de redire que les groupes nouveaux portent chacun un cachet organique spécial, c'est-à-dire que chacun d'eux renferme un ensemble d'êtres organisés dont l'apparition, le développement et l'extinction correspondent à un moment déterminé dans les temps géologiques.

[1] Parmi ces formations, on trouvera inscrite celle dont M. Leymerie vient récemment de proposer l'introduction dans l'échelle géologique sous le nom de *terrain garumnien* : nous comprenons sous cette désignation un ensemble d'assises lacustres qui paraissent dans nos régions constituer un horizon spécial indépendant du calcaire à nummulites et du calcaire à lophiodon ; cet horizon était depuis dix ans inscrit dans nos notes sous le nom de *terrain rouge*, à cause de la couleur rutilante qui le caractérise.

Pendant le cours de cette publication, nous avons appris que notre savant collègue M. Coquand a cru retrouver aux environs de Ganges, dans des couches qui contiennent le *Cidaris glandifera*, les représentants des dépôts jurassiques supérieurs au *corallien*. L'indication de la présence de ces *Cidaris* lui a été donnée par notre compatriote et confrère M. Boutin, chef d'institution à Ganges, zélé naturaliste, bien connu déjà par ses heureuses et abondantes trouvailles dans les nombreuses grottes de ses environs; nous n'avons pas eu lieu de reconnaître encore la réalité de la découverte de M. Coquand.

Ère inorganique. | Granite, gneiss, micaschistes, talcschistes.

	Période silurienne..	Schistes à trilobites. — à *cardiola interrupta*.
Époque primaire.	— devonienne..	Calcaire à polypiers. — à *goniatites*.
	— carbonifère..	Calc. carbonifère à *productus*. Terrain houiller.
	— permienne..	Permien schisteux inférieur (ardoises de Lodève). Permien rouge supérieur.
	— triasique...	Grès bigarré (conglomérat siliceux, grès à *labyrinthodon*). Keuper.
Époque secondaire.	— jurassique..	Infralias (*Avicula contorta*). Lias inférieur, *gryphée arquée?* — moyen, { calcaire. / marneux. — supérieur. Oolite inférieure, calcaire et dolomitique. Oxfordien. Corallien.
	— crétacée....	Néocomien. *Garumnien.*
Époque tertiaire.	— éocène.....	Calcaire à nummulites. Calcaire lacustre à palmiers, à lophiodon, à palœotherium.
	— miocène....	Marnes bleues, quelques dépôts lacustres (*Dinotherium*). Calcaire moellon, mollasse.
	— pliocène...	Sables de Montpellier, quelques sédiments fluviatiles.
Époque quaternaire........		Basaltes de Montferrier, Fontès, etc. Formation fluvio-lacustre du Riége, près Pézenas. Cailloutis de Béziers, de la Crau. Tuf de Castelnau, Vendres, etc. Remplissage des cavernes et des brèches, Cette, Ganges, etc. Volcans d'Agde, Saint-Thibéry (basaltes avec scories).
Époque actuelle...........		Dunes. Alluvions.

Ère organique.

Journée du lundi 12 octobre.

Compte-rendu de la course faite à La Valette, Montferrier, Saint-Gély, Grabels, Foncaude, Caunelles. Pl. ii, fig. 1.

Partie de la promenade du Peyrou, la Société a descendu la butte de sable qui constitue le monticule supportant Montpellier: sable jaune revêtu de marnes que recouvre un terrain caillouteux, rougeâtre, à éléments siliceux et calcaires indiquant des phénomènes généraux de transport.

Le sable sera l'objet spécial d'une course ultérieure ; les constructions empêchent de constater au Peyrou les assises recouvrantes ; le faubourg de Boutonnet permet de voir ce sable, devenant par places dur et passant au grès, butter contre un très-faible abrupt d'une roche très-coquillère connue dans le pays sous le nom de *calcaire moellon*, exploitée comme pierre de construction grossière, dans les environs immédiats de Montpellier. Les nombreux débris de coquilles dont elle est presque exclusivement formée lui assignent une origine marine.

Le contact des deux roches se voit à gauche de la route, à quelques mètres avant d'arriver à la pierre plantée.

L'enclos Saint-Martial, le nouveau Sacré-Cœur, sont situés presque à la limite du sable et du calcaire moellon : ce dernier a fourni, dans les carrières ouvertes il y a quelques années pour la construction du Sacré-Cœur, un certain nombre d'oursins (*Echinolampas hemisphericus, Clypeaster marginatus,* etc., qui rappellent à ce niveau l'horizon des oursins trouvés dans une pierre analogue dans l'île de Malte, gisement fossilifère bien connu de tous les géologues. Un fait qu'il importe de signaler, c'est l'absence de ces mêmes oursins dans tous les autres gisements du même calcaire, si développé dans la région de Montpellier.

Le calcaire moellon, autrefois très-exploité au sortir du faubourg Boutonnet, a cessé de l'être depuis quelque temps ; les carrières abandonnées sont aujourd'hui livrées à la culture, et n'ont laissé d'autres traces qu'une série de dépressions dont l'existence se trouve naturellement expliquée par leur origine.

Le sol, relativement plat et horizontal jusqu'alors, devient sensiblement montueux ; on gravit une légère ondulation formée par des poudingues à ciment rougeâtre, dont la Société n'a pu, sur les lieux mêmes, constater la place dans la série géologique, mais que son prolongement vers l'Ouest permet de rattacher, nous le verrons plus tard, à l'horizon de la *brèche du Tholonet* (terrain garumnien de M. Leymerie) ; ce poudingue à couches relevées vers le Nord, constitue la falaise de la mer qui déposa le calcaire moellon ; c'est la barrière que la mer tertiaire n'a jamais dépassée de ce côté de la région de Montpellier ; au-delà, les dépôts tertiaires sont exclusivement formés de sédiments accumulés dans des lacs.

L'ondulation s'accentue davantage après 2 ou 300 mètres ; on gravit une colline formée d'un calcaire compacte, blanc, ressemblant à du marbre, dépourvu de fossiles, à couches massives relevées, plongeant vers le Sud, et supportant les assises de poudingues que l'on vient de traverser.

La stratification, peu distincte à la partie tout à fait supérieure, au point où la route descend vers la combe de La Valette, fait bientôt place à un système mieux réglé de couches plongeant également vers le Sud, et dont les caractères pétrographiques ont, en l'absence de tout fossile, fixé provisoirement la place au niveau de l'oxfordien; la partie plus marmoréenne supérieure représenterait le corallien; ces deux horizons, ailleurs sans obscurité, grâce aux fossiles qu'ils renferment, entrent dans la composition des derniers sommets de tous les massifs jurassiques qui se rencontrent dans le département de l'Hérault.

La descente vers la combe de La Valette se continue dans ces couches mieux réglées qui contiennent vers les deux tiers de la rampe un banc de 1 à 2 mètres d'épaisseur, remarquable par la particularité d'être formé uniquement d'une agrégation de *serpules*; quelques débris tout à fait indéterminables de bélemnites les accompagnent : le remplissage de ces serpules par de la chaux carbonatée blanche communique au calcaire un jeu de couleurs qui en a provoqué l'emploi comme marbre ; on l'appelle marbre serpulaire de La Valette.

Aux serpules qui continuent de prédominer, se joignent plus à l'Est, dans un prolongement de la couche que la Société n'a pu aller constater, des débris de grandes coquilles très-plates et pourvues de stries concentriques rappelant de grandes *avicules* ou des *inocérames*, et à ces valves, malheureusement indéterminables, des débris de *térébratules* qui, par leurs plis et leurs dimensions, se rapportent à l'espèce appelée par Léopold de Buch *Terebratula peregrina*.

Indépendamment de la présence de ces débris organiques, les couches qui les contiennent présentent la circonstance d'être relevées jusqu'à la verticale et même, sur certains points, de plonger en sens inverse, c'est-à-dire au Nord, le plongement normal étant toujours vers le Sud, par-dessous

Butte basaltique de Montferrier.

Lac. terrain lacustre. B. basalte. Ox. oxfordien. (St Loup)

les assises plus réglées et les masses moins stratifiées dont il a été question.

Tout au bas de la descente apparaissent des strates calcaréo-marneuses, à double couleur grise et bleue, qui, par leurs caractères minéralogiques et les ammonites qu'elles renferment, rappellent le néocomien à *Toxaster complanatus.* Ces strates sont exploitées comme pierres à chaux, au lieu dit four à chaux de La Valette.

Au contact du système précédent, il y a apparence de *concordance* de stratification ; mais à quelques pas plus loin et à la colline du four à chaux, le contraste éclate dans la pétrographie et l'orientation, et la notion d'une indépendance entre ces deux ensembles de couches vient s'imposer aux yeux de l'observateur.

Le néocomien bien reconnu du four à chaux supporte un ensemble de dépôts lacustres formés de poudingues puissants, aux éléments calcaires roulés. C'est au milieu de ces poudingues que s'est fait jour le Basalte, qui, à distance et du haut de la colline de La Valette, se trahit sous forme de butte conique, isolée, détachée par un effet d'*érosion* des collines de conglomérats qui l'environnent. Le village de Montferrier, bâti sur cette butte, doit à cet isolement une physionomie pittoresque et l'avantage d'offrir au touriste et au géologue un observatoire propre à une vue panoramique ; les poudingues et les calcaires lacustres sur lesquels il repose, composent le paysage, qui emprunte un aspect gracieux aux bois de pins dont ils sont recouverts.

Le diagramme ci-contre représente Montferrier tel qu'il apparaît à l'observateur placé à l'entrée haute du parc de La Valette.

La Société a constaté avec intérêt, à la base de la butte

volcanique, un tuffa composé de morceaux de basalte, de cristaux d'*amphibole* et de *pyroxène*, et de parties grisâtres qui ne sont autre chose que la *palagonite* de M. Bunsen ; mais ce qui a spécialement attiré son attention, c'est la présence de gros fragments de *péridot*, arrondis quelquefois, mais le plus souvent anguleux, fragments quadratiques, à arêtes vives, qui semblent la démonstration éloquente de la notion récemment émise par M. le professeur Daubrée, de roches péridotiques constituant une grande partie de la masse interne du globe, dont les morceaux, si peu émoussés sur leurs angles et sur leurs arêtes, ne seraient que des parties arrachées et empâtées dans le tuffa.

La butte est couronnée par une nappe basaltique compacte, affectant la forme de prismes ; des constructions récentes n'ont laissé subsister que quelques portions qui suffisent pour rappeler à l'observateur le mode d'être des éruptions basaltiques, bien autrement puissantes, de l'Auvergne, et en général de tous les volcans éteints.

L'étude des formations tertiaires lacustres et marines des environs de Montpellier devait plus particulièrement faire l'objet de la seconde partie de l'excursion.

Transportée en voiture à travers les calcaires qui forment, au nord de Montpellier, un plateau considérable, la Société a mis pied à terre à Coulondres, près Saint-Gély, où elle a reconnu un grand nombre de couches superposées : ce sont d'abord, et en commençant par le haut, des assises de calcaires compactes, bien réglées, contenant de nombreux débris organiques, entre lesquels on distingue un *planorbe* (*Planorbis Riquetianus*) et une *mélanopside*.

Sous ces calcaires et en concordance avec eux, se trouve une couche de lignites autrefois exploitée, et qui a fourni à M. Paul Gervais des ossements de palœotherium et de *xiphodon*[1]. Des terrains complantés de vignes s'étendent entre cette couche de combustible et un faible bourrelet formé dans la plaine par un affleurement du néocomien, même terrain que celui vu le matin au four à chaux de La Valette.

Sur ce bourrelet, s'appuient directement des grès à grains siliceux, d'un volume médiocre, et sur ces grès un *travertin* compacte, avec nombreux débris de palmiers et d'autres végétaux, qui avaient attiré dès la veille l'attention de M. de Saporta dans les collections de la Faculté. Une note spéciale que notre savant confrère a rédigée pour le *Bulletin* de la Société, se termine par la conclusion suivante :

« La composition de cette florule, l'affinité de ses formes principales, la dimension considérable des feuilles dicotylédones qu'elle renferme, constituent une réunion d'indices qui reportent l'esprit vers les premiers temps de la période éocène. L'identité probable du *marchantia* avec une des espèces caractéristiques de Sézanne, l'étroite analogie du *Flabellaria gelyensis* avec ceux du Soissonnais, la présence répétée du genre *diospyros*, signalé dans la plupart des localités éocènes, à Skopau en Saxe, dans des grès du Mans, dans le banc vert du Trocadéro et dans les gypses d'Aix, confirment cette manière de voir, sans qu'il soit possible de préciser davantage, à l'aide de documents

---

[1] Paul Gervais. *Zoologie et Paléontologie françaises*, pag. 109 et pag. 159, pl. XV, fig. 4.

encore incomplets, l'horizon auquel ces plantes doivent se rattacher. *Le caractère tropical que revêtait sans doute notre végétation méridionale à cette époque*, ressort de l'examen du petit nombre d'espèces recueillies, et s'accentuera encore davantage à mesure qu'elles deviendront plus nombreuses et mieux connues. »

La Société s'est ensuite rendue à Grabels ; elle a suivi la route ouverte dans la direction du Nord au Sud, au contact d'un vaste système calcaire et d'un ensemble d'assises de grès et de poudingues qui le recouvre ; les calcaires se relient à ceux de Saint-Gély et de Colondres.

Le village, que la Société a traversé, présente cette circonstance remarquable d'être situé sur la limite de deux formations bien différentes par leur prétrographie et leur orientation. La source qui l'alimente sort précisément d'une *faille* de contact, entre ces deux dépôts : l'un blanc jaunâtre dans tout son ensemble, dirigé N.S. et plongeant Ouest, formé précisément par la série des calcaires et des poudingues précédents ; l'autre rutilant monochrome, composé d'*argilites* et de *brèches* rougeâtres, dirigé E.O. et incliné Sud, au contact immédiat d'un massif oxfordien sous lequel il semble plonger.

Ce terrain rutilant forme en cet endroit un horizon naturel et peut être suivi en ligne droite à partir de ce point, sans solution de continuité, sur une longueur de 20 kilomètres, jusqu'au sud de Gignac, près du petit village de Vendémian : ses caractères, si soutenus et si contrastants avec les calcaires et les marnes de Grabels, établissent en sa faveur une indépendance et une autonomie qui ne laissent plus d'autre soin que d'en marquer la vraie position dans la série géologique. L'étude par d'Archiac de l'horizon du *groupe d'Alet*, reprise par M. Leymerie, poursuivie par M. Magnan, et plus particulièrement appliquée par nous-même à l'Hérault, nous a conduit à en retrouver un nouveau représentant dans ces couches au sud de Grabels, et à placer ces dernières au niveau des brèches du Tholonet : les poudingues vus le matin à Boutonnet, supportant les assises du calcaire moellon, n'en seraient que le prolongement oriental.

Des couches plissées et relevées, portant non loin de là des empreintes de bélemnites et d'ammonites essentiellement oxfordiennes, supportent, comme le jurassique dont elles font partie, sur toute la ligne de Bize (Aude) à Grabels, les assises garumniennes ; elles forment sur une petite largeur les berges escarpées de la Mosson, qui la coupe en ce point comme dans une *cluse* par une fente transversale; partout, sur ce parcours, le terrain garumnien est en contact par faille avec la formation lacustre si développée et si complexe du midi de la France. La bande garumnienne se développe au Sud, juxtaposée à la falaise jurassique, tandis qu'au Nord l'horizon est exclusivement constitué par les assises lacustres.

En aval de la fracture que nous venons d'indiquer, la Mosson coule entre des roches non moins escarpées, mais moins plissées, que leur faciès et leur pâte compacte blanchâtre feraient prendre sans examen pour des représentants du jurassique supérieur, mais que la présence de nombreux planorbes restitue aux formations lacustres.

La direction que suivait la Société, perpendiculaire à l'ensemble des assises, lui a fait rencontrer de nouveau les couches oxfordiennes, sur lesquelles la formation lacustre reparaît en berceau, et au sortir du massif jurassique, prolongement géographique de celui de la colline de La Valette, la Société a retrouvé la formation tertiaire marine du calcaire moellon et des *marnes bleues* qui le supportent. Ici, comme au sortir de Montpellier, la mer tertiaire battait de ses flots la barrière jurassique, qu'elle n'a pas dépassée du côté du Nord.

Il était facile, du haut de ce massif oxfordien, de saisir de l'œil l'ancien bassin de cette mer, et de refaire par la pensée la topographie locale consistant à cette époque en continents dentelés de fiords, sur les flancs et dans les sinuosités desquels les sédiments marins venaient se déposer.

La localité où la Société arrivait, et par laquelle elle terminait son excursion de la journée, était le lieu classique de Caunelles, rendu célèbre par les belles *cérithes* que Bruguière a décrites : *Cerithium plicatum* Brug.; *Cerithium margaritaceum* Brocchi ; *Cerithium papaveraceum...*

Les marnes contenant ces coquilles sont bleues dans le bas, jaunâtres vers le haut, et passent insensiblement à des couches plus dures qui ne sont autres que le calcaire moellon, vers la base duquel se montre en abondance une anomie (*Anomia sinistrorsa* Marcel de Serres).

Cette première journée, en permettant à la Société de reconnaître sur une aussi petite surface un si grand nombre de dépôts différents, la familiarisait par avance avec la particularité propre à la géologie de l'Hérault, de présenter des documents des âges les plus divers du globe sur un espace géographique très-restreint. Une autre circonstance a pu être constatée dès ce premier jour : c'est l'absence d'aucun relief bien accusé et bien distinct entre des terrains si divers d'âge et de composition. Nous aurons dès demain l'occasion de revenir sur ce fait d'orographie locale.

Journée du mardi 13 octobre.

Le matin, course à Pérols.

La matinée a été consacrée à l'étude des formations littorales, et plus particulièrement à la visite des travaux effectués par M. l'ingénieur Regy au grau de Pérols. M. Regy et son collaborateur M. Dellon ont bien voulu donner aux membres de la Société des explications orales pleines d'intérêt, relativement aux courants littoraux, à la marche des sables, aux atterrissements, aux alluvions marines et fluviales, aux deltas, à la constitution de la plage, enfin aux travaux d'assainissement. Nous renvoyons, pour tous ces détails, au numéro du *Bulletin* de la Société géologique exclusivement consacré à la Session de Montpellier.

La Société a constaté sur le littoral la présence de fragments de sable agglutiné, tout rempli de coquilles, débris de l'ancien cordon littoral, sur lesquels MM. Marcel de Serres et Figuier ont, dans des publications spéciales, attiré l'attention des naturalistes : ces deux savants ont fait remarquer l'analogie de phénomènes chimiques récents et même actuels avec ceux qui ont dû présider à l'agglutination et à la consolidation de roches préalablement meubles dans les couches du globe. Ils ont mis en saillie un fait de cristallisation remarquable, par suite duquel le carbonate de chaux amorphe des valves des coquilles qui jonchent nos sables, acquiert une forme très-nette de rhomboèdre, que l'abbé Haüy a nommée *rhomboèdre inverse*, et que présentent d'une manière si parfaite les sables de Fontainebleau, réagglutinés par une eau chargée de carbonate de chaux.

La Société a encore constaté à Pérols le phénomène du *Boulidou*, source bouillonnante, sous l'influence du dégagement quelquefois très-considérable d'acide carbonique.

Le *Boulidou* de Pérols a été en 1706 l'objet d'un travail du médecin Rivière, associé de la Société royale des sciences établie dans notre ville, et en 1743 de M. Haguenot, membre de cette Société. Haguenot s'exprime ainsi : « Le Boulidou est un creux ou bassin formé par la nature, éloigné d'environ 150 toises du village de Pérols ; il est ainsi appelé par les habitants du pays, parce que l'eau qu'il contient bouillonne sans cesse. Cette eau ne vient que des pluies qui tombent du ciel ; ce qui fait qu'en hiver le Boulidou est ordinairement plein, et que pendant les fortes chaleurs de l'été il est entièrement à sec. La terre de ce bassin, lorsqu'il y a de l'eau, forme une vase ou boue noirâtre, que l'on détache facilement du fond et qui a ses usages ainsi que les eaux du Boulidou. »

Le même auteur signale encore un puits à Pérols, qu'il dit être une véritable Moufette [1].

Ce même phénomène se retrouve sur d'autres points du département, entre autres à Puech-Blanc, près de Vendres (arrondissement de Béziers). Le creux de dégagement en est plus grand que celui de Pérols ; il arrive fréquemment que des oiseaux tombent asphyxiés sur les bords.

L'acide carbonique se dégage encore tout près de Montpellier, dans une grotte dite de la Madeleine, creusée

---

[1] *Histoire de la Soc. roy. des Sc. de Montpellier*, tom. II, pag. 327 et 125, 1778.

dans le terrain oxfordien, près le Mas d'Andos, entre les deux stations du chemin de fer de Montpellier à Cette qui portent les noms de Villeneuve et de Mireval. Le dégagement n'y est pas permanent, mais il se produit avec une grande activité à certaines époques ; il y aurait imprudence à s'engager sans précaution dans la partie profonde. M. Wolf, alors qu'il professait la physique à la Faculté des sciences de Montpellier, a communiqué le 8 juillet 1861, à l'Académie de cette ville, une note dans laquelle il énonçait le fait que le dégagement d'acide carbonique lui paraissait se reproduire périodiquement et se lier à la hauteur du niveau des eaux qui remplissent les cavités de la grotte. M. Wolf annonçait des études sur les quantités de gaz dégagé, que son départ de Montpellier l'a forcé d'abandonner.

Le soir, course à Saint-Aunès, la Pompignane, Castelnau.
Pl. ii. fig. 1.

La deuxième partie de la journée a été consacrée à l'étude de la mollasse exploitée à Vendargues près de Castries, à celle du terrain secondaire de la colline du Crès, aux sables développés au quartier dit la Pompignane sur la rive gauche du Lez, enfin au tuf quaternaire de Castelnau.

Les sables ont été creusés sur une grande étendue, pour y établir la voie ferrée de Montpellier à Nimes ; ils supportent sur certains points des témoins des assises fluviatiles qui ont été signalées dans notre tableau (pag. 35) et qui se voyaient sur une surface assez considérable aux environs de la station de Saint-Aunès, avant que les constructions les eussent complètement recouvertes.

C'est à cette station que la Société a mis pied à terre ;

elle n'a pas tardé à rencontrer sur sa route des monticules affectant une hauteur plus grande que celle des sables plus près de Montpellier : c'est qu'ils présentent ici un revêtement considérable de cailloux de *quartzites* rubigineux, qui ne sont autre chose que la continuation vers l'Ouest de la vaste nappe de cailloux bien connue dans le Midi sous le nom de *Crau*. Des hachures les désignent dans la partie orientale de notre Carte.

Ces cailloux, généralement ellipsoïdaux, de différentes grosseurs. sont constitués pour la plupart par un grès dur et comme lustré ; on y trouve mêlés des fragments de calcaires noirâtres. des *silex* blancs et des *jaspes*, et aussi quelques roches *amphiboliques ;* tous ces éléments sont étrangers au sous-sol qu'ils recouvrent. Les cailloux sont incohérents ; leur forme varie: quelques-uns offrent des angles obtus et des faces polies qui rappelleraient plutôt les cailloux entraînés par les glaciers que des galets roulés dans les eaux courantes ; un autre caractère tout particulier de ce dépôt caillouteux, et qui contribuerait à faire supposer une intervention glaciaire, consiste en ce fait observé par M. É. Dumas, que la position et la hauteur qu'affectent les cailloux ne sont pas, comme c'est l'ordinaire, déterminés par leur volume; les plus considérables d'entre eux occupent souvent les sommets des collines.

Un autre fait a frappé la Société : c'est la présence, parmi ces innombrables quartzites, d'un certain nombre de cailloux de quartz blanc translucide, rappelant les quartz des filons dans les montagnes schisteuses du centre et du midi de la France. Ces cailloux sont ici en infime minorité, mais ils augmentent rapidement de nombre et finissent par prédominer, les quartzites disparaissant complètement quand on se dirige vers l'ouest du département. Sur le plateau même qui porte Montpellier, les quartzites ont cédé la place aux cailloux de quartz blanc ; ces derniers occupent une surface d'une grande étendue dans la partie méridionale du département marquée d'un pointillé dans notre Carte ; leurs caractères trahissent comme lieux de leur provenance les terrains schisteux de la montagne Noire.

Saint-Aunès aurait donc été le point de rencontre de deux courants, dont l'un, venant de l'Ouest, apportait les matériaux des plus anciennes formations du département, et l'autre entrainait les quartzites, dont on ne saurait chercher l'origine ailleurs que dans le massif des Alpes. Ce point de leur parcours correspondrait à une extrémité commune de leurs cônes de déjection respectifs, bord extrême et mitoyen d'un double éventail de débris réduit à une très-faible épaisseur. La Société a pu constater de l'œil la bande infiniment mince et très-rapprochée de la mer que ces dépôts forment sur les premières ondulations du terrain du littoral : elle a dépassé vers le Nord cette limite, après avoir franchi la légère éminence qui sépare Saint-Aunès du bas-fond où a été établie la route de Montpellier à Sommières.

De ce côté et dans cette direction, les sables marins finissent eux-mêmes, arrêtés qu'ils sont par les terrains secondaires.

Ces derniers forment une falaise très-accentuée vers Castries à l'Est et le Crès à l'Ouest ; entre deux, le sol offre une surface déprimée, plate, unie, qui semblerait, par l'uniformité de son niveau et son horizontalité, exclure la multiplicité des éléments géognostiques. Cependant un examen minutieux ne tarde pas à découvrir à l'aide du

marteau trois natures pétrographiques bien différentes :
l'une terreuse, lâche, caractéristique du calcaire moellon ;
la seconde compacte, à la couleur brune, aux assises minces
et très-réglées ; la troisième compacte comme la seconde,
mais d'une couleur blanche et rosée, d'un aspect marmoréen et sous forme de couches massives peu distinctes en
ce point. Cette triple juxtaposition sans le moindre relief
se retrouve en plusieurs points de l'Hérault, et ne contribue
pas peu à rendre difficile le diagnostic géologique, que la
rareté relative des fossiles rend déjà souvent très-obscur.

La mollasse exploitée en ce lieu même se trouve donc
apposée aux calcaires secondaires, sans autre indice de
contact qu'une usure très-prononcée et un polissage très-
sensible de la roche qui a servi de falaise. Les carrières ont
offert la pierre exploitée avec les caractères ordinaires de
la mollasse du Midi ; généralement grise, accidentellement
colorée en bleu sur des portions irrégulières de sa surface,
elle a fourni les débris d'un oursin de la famille des *Schizaster* et un grand nombre de débris de coquilles à peine
reconnaissables, parmi lesquelles les Pecten dominent ; la
pierre s'exploite en cet endroit sous forme de dalles ; elle
est connue des constructeurs sous le nom de pierre de
Vendargues. A quelques pas plus loin, à l'Est, elle prend
un grain plus fin qui la rend propre à servir de pierre de
taille, et constitue alors la pierre de Castries, employée pour
nos maisons de Montpellier.

Une collection faite avec beaucoup de soin dans cette
localité par M. le Dʳ Delmas, a permis à M. Paul Gervais [1]

---

[1] Acad. des Sc. et Lett. Montp. Extrait des procès-verbaux 1863. Séance
du 14 décembre.

de dresser une liste des vertébrés de ces calcaires miocènes, qu'on retrouvera dans les fascicules de notre Académie.

La roche brune, aux assises minces bien réglées, qui supporte la mollasse a fourni, quelques pas plus loin, en grande abondance, la *Terebratula peregrina*, la même que nous avons rencontrée à La Valette, et ici encore en relation tout au moins de voisinage avec la formation de calcaire marmoréen de couleur blanche et rosée, à bancs épais, que nous avons signalée dans notre première course comme paraissant recouvrir les couches néocomiennes.

Ce calcaire forme la colline qui porte le village du Crès; il s'y présente en bancs compactes bien réglés ; le Salaison coule dans une dépression provenant d'une fracture dans le massif. Le calcaire est blanc sur le revers sud de la colline ; il est plus brun et forme des couches moins épaisses sur le revers nord ; tout auprès des maisons du village, sur le même revers, il offre des dislocations et des plissements intéressants à constater.

Un chemin sur la colline orienté du Nord au Sud a permis à la Société de redescendre la série des dépôts, le prolongement général s'effectuant au Nord, et elle n'a pas tardé à changer d'horizon ; aux calcaires blancs ont succédé d'autres calcaires, mais ceux-ci moins compactes, plus terreux, généralement bruns, alternant avec des couches marneuses qui ont présenté en grande abondance des empreintes rappelant des formes végétales qu'on a rapportées à des Fucus.

Ces empreintes, appelées *Chondrites scoparius*, caractérisent une subdivision de la période jurassique qu'on a nommée *Oolite inférieure ;* au-dessus de ces couches quelques traces de polypiers, et au-dessous, des débris d'un

mollusque appelé lime (*Lima heteromorpha*), ont fait reconnaître à l'un de nos confrères, M. Dieulafait, le niveau
d'un dépôt de cette même époque très-connu en Normandie
sous le nom local de *la Malière*. Ces diverses assises forment au sud de la colline du Crès un relief assez prononcé,
dirigé E.O., connu sous le nom des Mandroux.

La Société s'est retrouvée, après quelques pas, en con-
tinuant de suivre la direction N.S., sur le littoral des sables
de Montpellier où elle avait abordé au commencement de
la course à la station de Saint-Aunès. Ces sables, très-uni-
formes dans leur composition, sur des épaisseurs plus ou
moins considérables, sont l'objet d'exploitations importantes
sur la rive gauche du Lez, dans le quartier dit la Pompignane ; c'est là qu'est située la campagne de M. Saintpierre,
professeur-agrégé à la Faculté de médecine de Montpellier,
qui a bien voulu, avec une grâce parfaite, offrir à la Société
une splendide collation ; la salle des rafraichissements qui
n'était autre que le toit d'une carrière riche en ossements,
les divers crus au bouquet généreux servis en abondance,
l'attention délicate de l'amphytrion qui avait eu soin de
recueillir de nombreux débris organiques dans le lieu même
de la réunion, sa cordiale hospitalité : tout concourait à
donner à cette halte, après la fatigue de la journée, un
caractère d'heureuse conciliation entre les satisfactions du
corps et celles de l'esprit et du cœur.

Parmi les débris de grands vertébrés exposés par M. Saint-
pierre, nos confrères, MM. Gaudry et Pomel, ont reconnu
des os de *Rhinoceros megarhinus* et de *Mastodon brevirostris*; quelques traces de débris humains ont été rencon-
trées dans les portions remaniées de la carrière.

Les sables de la Pompignane supportent, près du village

de Castelnau, un dépôt considérable de tuf qui a de tout temps provoqué l'attention et l'étude des géologues du pays.

Dès 1818, Marcel de Serres, dans un Mémoire inséré dans le *Journal de physique*, tom. LXXXVII, pag. 120 et suivantes, distinguait dans notre région quatre formations lacustres dont la supérieure répondait précisément au dépôt de tuf du bord du Lez à Castelnau : de là le nom de *calcaire lacustre supérieur*, que notre prédécesseur donnait à cette formation de travertin, laquelle a été à tort maintenue et comprise dans les couches tertiaires par les auteurs qui font autorité en géologie [1].

Tout récemment les tufs des environs de Montpellier ont été l'objet d'une étude paléontologique spéciale de la part de M. Gustave Planchon, aujourd'hui professeur à l'École de pharmacie de Paris [2].

M. de Saporta a bien voulu, sur les lieux, énumérer les principaux traits caractéristiques de cette flore quaternaire et les rapprocher de ceux qu'il a mis lui-même en relief dans son *Étude des tufs de la Provence* ; ses conclusions sont les mêmes que celles de M. G. Planchon. « Il paraît, dit-il, établi, conformément aux conclusions de M. Gustave Planchon, que la vigne et le figuier ont été autrefois représentés dans le pays par des races indigènes et spontanées, confondues depuis avec les variétés cultivées, introduites par l'homme à l'âge historique. Il est probable que le noyer doit être rangé dans la même catégorie. »

M. Planchon a prouvé dans son travail que les tubes serpuliformes qui caractérisent certains blocs de tufs et qu'on

---

[1] D'Archiac ; *Géologie et paléontologie*, pag. 649, 1866. — **Raulin** ; *Géologie de la France*, 1868.

[2] *Étude des tufs de Montpellier*, 1864.

a pris quelquefois pour des moules de racines, ne sont autre
chose que les abris incrustés d'une larve de *Rhyacophila*
qu'il a désignée du nom spécifique de *Toficola*.

M. de Saporta formule la conclusion suivante relativement aux modifications de notre climat survenues depuis
le dépôt du tuf :

« Quoique la persistance sur les mêmes lieux de la plupart des espèces des tufs quaternaires atteste qu'il ne s'est
passé dans l'intervalle aucune révolution brusque et radi-
cale, cependant le retrait partiel du Laurier ordinaire et
l'élimination complète du Laurier des Canaries annoncent
que les conditions climatériques se sont aggravées depuis
lors, et que la température s'est abaissée sensiblement,
ou du moins est devenue moins égale et moins humide. »

On nous saura gré de rapporter ici les conclusions de
notre confrère, M. l'ingénieur Belgrand, touchant l'ancien
niveau des sources qui ont déposé le tuf de Castelnau :

« Ce dépôt occupe aujourd'hui le sommet et le revers
d'un coteau qui longe une petite vallée ouverte dans le sable
de Montpellier. Il a été certainement produit par une ou
plusieurs sources incrustantes, dont les eaux contenaient
plus de 20 centigrammes de carbonate de chaux par litre,
analogues à celles qu'on trouve encore dans un grand nombre de localités, notamment dans les montagnes jurassiques
de la Bourgogne.

» Mais aujourd'hui les sources de Castelnau n'existent
plus, elles sont complètement taries, et j'ajouterai que dans
les conditions météorologiques du climat actuel de la France,
il est impossible qu'une source jaillisse au sommet du
dépôt de tuf que nous avons visité ce soir. J'ai constaté par
de nombreuses observations que dans les vallées entière-

ment perméables, comme celles dont il s'agit, on ne voit jamais de sources sur le flanc ou au sommet d'un coteau; les sources dans ces conditions sont toujours confinées au fond des vallées et à une petite hauteur au-dessus du thalweg. Il arrive même, lorsque les vallées sont courtes et débouchent dans une dépression plus profonde, qu'elles sont entièrement dépourvues d'eau courante. C'est ce qui arrive à Castelnau ; la Lez draine complètement cette localité, et on ne voit aucune source dans la petite vallée, pas plus sur le thalweg qu'à flanc de coteau.

» Mais j'ai constaté également qu'à l'époque quaternaire les pluies étaient tellement abondantes que les terrains les plus perméables laissaient ruisseler les eaux pluviales à leur surface, et que des sources coulaient à flancs de coteau. Les cours d'eau étaient incomparablement plus grands que nos rivières modernes. Nous en avons aujourd'hui un exemple bien frappant pour ainsi dire sous les yeux : le Rhône et ses affluents, nous l'avons vu ce matin dans notre excursion à Pérols, n'amènent plus à leur embouchure que du limon et du sable ; ils entraînaient alors les énormes cailloux qui forment les plaines de la Crau et de Montpellier. A cette époque, il a donc pu exister une source au sommet du dépôt de tuf que nous avons exploré, ce qui confirme l'opinion émise par M. de Saporta, que ce tuf appartient à l'époque quaternaire; car je viens de démontrer qu'il n'a pu être déposé dans les temps modernes, et il est évidemment moins vieux que les sables de Montpellier.»

Journée du mercredi 14 octobre.

Course à l'Abbaye de Valmagne et à Pézenas. (Pl. ii, fig. 2.)

Partie à sept heures du matin en voiture, la Société n'a pu reconnaître les sables marins, le calcaire moellon supporté par les marnes bleues que la route de Montpellier à Montbazin traverse successivement ; c'est à la limite des dépôts marins tertiaires et du terrain jurassique que la Société a mis un moment pied à terre pour reconnaître ce contact.

Les marnes bleues supportant, à Montbazin comme partout, les marnes jaunes, viennent butter contre les calcaires oxfordiens, au point où la route gravit les hauteurs qui séparent la plaine de Gigean du bassin de Villeveyrac : les marnes jaunes se durcissent légèrement près du terrain secondaire ; des bancs d'huîtres de grande taille (*Ostrea crassissima*) attestent par leur nombre, comme les roches jurassiques par leur état de désagrégation, par leurs formes grossièrement arrondies et leur état de perforation, la présence d'une falaise, et la production en ce lieu de tous les phénomènes qui s'observent sur le littoral de nos mers actuelles.

Le massif jurassique traversé par la route est constitué par des calcaires gris marneux, quelques-uns très-compactes, un grand nombre passés à l'état de dolomies caverneuses, dont quelques-unes très-friables et décomposées en sable ; il forme ici, comme à Montpellier, au Crès et à Grabels, la falaise nord des sédiments marins de l'époque tertiaire, qu'il sépare des formations lacustres, dont l'étude devait faire l'objet de la course de ce jour.

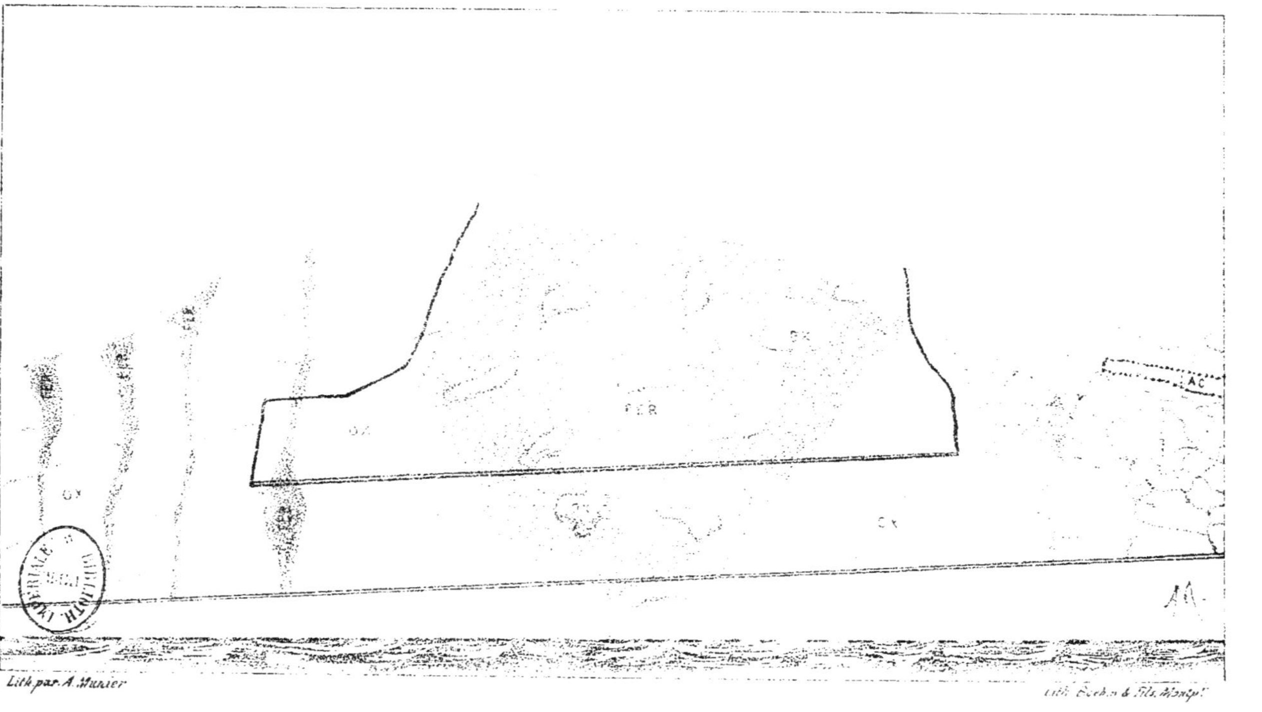

Souterrain de Cantagais près Villeveyrac.
Ox. Oxfordien, Lac. Lacustre. E. Eboulis.

Arrivée au col, à la limite des deux bassins, la Société a pu juger de la différence très-frappante du vaste horizon lacustre qui se développait sous ses yeux, avec la plaine marine qu'elle venait de traverser. Villeveyrac est au centre d'un bassin trahissant son origine lacustre par la diversité des couleurs et la nature variée des sédiments qui l'ont comblé; ces dépôts constituent des gradins successifs s'étageant les uns sur les autres, et s'appuient par leur base aux contreforts jurassiques ; ils présentent par cette disposition une coupe aussi variée que facile à saisir. Moins net et moins aisé à établir devait être leur *synchronisme*.

Une tranchée pratiquée dans le massif oxfordien, pour le chemin de fer de Montpellier à Paulhan, a mis à jour, sur une largeur de 100 mètres, un épanchement de matière ferrugineuse, rappelant tout à fait par son faciès, sinon aussi complétement par sa composition, le minerai appelé *bauxite*, auquel l'extraction de l'aluminium a donné une grande importance dans ces derniers temps. Le fer à l'état *pisolithique* s'y trouve empâté dans une argile rougeâtre qui remplit de vastes fissures et souvent jusqu'aux plus petits interstices de la roche oxfordienne.

Le diagramme ci-contre est spécialement consacré à la représentation de ce phénomène.

Les circonstances du gisement retracent une origine éruptive, et présentent comme le type des phénomènes appelés *geysériens* par M. Dumont, et sur lesquels M. d'Omalius d'Halloy a appelé si souvent l'attention des géologues ; cette éruption s'est faite dans le département de l'Hérault sur un très-grand nombre de points ; les environs de Bédarieux la présentent au milieu de la dolomie de l'oolite sur une très-vaste échelle. Elle se retrouve près de Montpellier, à Villeneuve, sur la route de Cette ; on l'observe encore entre Creissels et Quarante, et près Cazouls-les-Béziers ; elle se présente partout avec les mêmes caractères pétrographiques et dans les mêmes rapports stratigraphiques, le plus souvent au contact de deux formations d'âge très-différent, sorte de production aquoso-thermale favorisée pour sa sortie par les failles et les dislocations.

La tranchée de Villeveyrac, où ce phénomène s'est présenté avec une aussi grande netteté, se termine, à sa partie occidentale, par des assises régulièrement stratifiées de calcaires et de marnes, lesquelles constituent le commencement d'un dépôt lacustre très-considérable qui se développe vers Saint-Pargoire ; l'argile ferrugineuse geysérienne a été reprise par les eaux qui ont déposé ces sédiments, et stratifiée par elle à l'égal des autres assises et incluse ainsi dans les couches de cette formation lacustre.

L'attention de la Société devait se porter plus exclusivement sur la série des étages superposés qu'elle avait aperçus de Villeveyrac, et négliger ces dépôts dont la tranchée de Cantagals présentait les premières strates.

Une coupe faite en 1862, par MM. Matheron, Paul Cazalis et nous-même, dans la direction du N.E. au S.O., a permis de reconnaître la série d'assises suivante ; nous nous bornerons à l'extraire du Mémoire de notre confrère M. Matheron, *sur les dépôts fluvio-lacustres tertiaires*, 1862.

L'énumération en est faite dans l'ordre ascendant ; nous renvoyons pour les détails au texte de M. Matheron.

G. — Dépôt sidérolithique.

F. — Grès et argiles de Roquemale, marnes et grès de couleur grisâtre ou jaunâtre à la base.

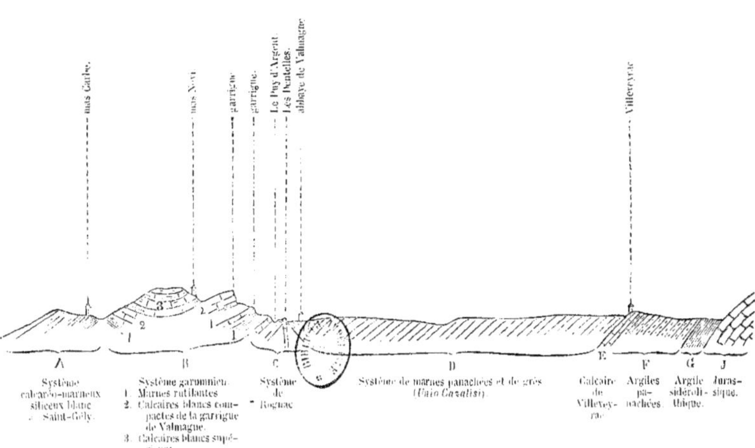

Coupe de la région Villeveyrac-Valmagne (**NE-SO**).

Voir, pour les détails de la coupe, les pages 58, 59 et 60 du texte.

Dans la page 59, la lettre B a été affectée d'exposants qui doivent être rétablis de haut en bas ainsi qu'il suit : B¹, B², B³ correspondant aux numéros 1, 2, 3 du système B de la coupe.

Ce diagramme donne un exemple de ce qu'on entend en géologie par *coupe* ou *profil géologique*; représentation linéaire des différentes masses minérales constitutives du sol d'une région, dans leurs relations respectives de superposition, de direction et d'inclinaison.

Argiles bigarrées, marnes et grès en couches nombreuses et multicolores.

Quelques minces couches de calcaire noduleux avec Helix, *Physa doliolum*, Math.

Argiles rouges, bigarrées ou lie de vin, avec gypse laminaire disséminé et grès.

E. — Calcaire de Villeveyrac et de Fontdouce en couches nombreuses.

D. — Marnes jaunâtres ou violacées en couches nombreuses.

Grès assez compacte avec *Unio Cazalisi*.

Alternances de couches nombreuses de grès et de marne sableuse de couleur grise ou jaunâtre.

Ces trois derniers termes composent le groupe de grès de Marcouine, du nom d'une ferme voisine de Fontdouce).

C. — Calcaire du Puits-d'Argent et des Dentelles en couches puissantes avec Helix, *Cyclostoma Bayley*, Math.: *Cyclostoma Luneli*. Metz, *Cyclostoma bulimoïdes*, Math.

B³. — Marnes argileuses rouges, poudingues pisolithiques rosés.

B². — Calcaires de la garrigue de Valmagne.

B¹. — Calcaire marneux et calcaire compacte en couches peu nombreuses et peu développées avec une paludine de grande taille qui paraît nouvelle.

Marnes jaunâtres.

Calcaire marneux et calcaire plus ou moins compacte du Mas de Novi.

Marnes jaunâtres et poudingues.

C'est à cette dernière assise que s'est arrêtée la coupe faite en 1862.

Si l'on poursuit à l'Ouest, on recoupe les couches suivantes, disposées en concordance les unes avec les autres, mais en *discordance* très-sensible par rapport aux couches repliées en berceau du Mas de Novi.

A. — Assises de calcaire marneux blanchâtre exploité à
l'ouest de Marcouino, accompagnées de marnes blanches, jaunes, un peu rosées en certains endroits.
Marnes panachées et marnes rouges alternant avec des
poudingues et des sables panachés.
Marnes jaunes avec calcaires et blocs roulés.

Plus à l'Ouest, du côté de Saint-Pons, la mollasse à grandes
huitres repose en stratification discordante sur les assises de
marnes à gros blocs calcaires.

Comme nous le disions, le travail de l'analyse était
simple, la coupe était nette ; une simple promenade attentive
permettait de saisir chacun des feuillets de ce chapitre de
l'histoire des formations lacustres du midi de la France ; mais
séparé du livre complet, ce chapitre ne pouvait avoir aucun
sens ; aussi n'avait-il pas été compris des observateurs
locaux, qui s'étaient bornés à déchiffrer ces pages sans
connaître le contexte ; c'est du contexte que la lumière devait
jaillir et qu'elle a, en effet, jailli. Les phénomènes lacustres
ont eu leur maximum de développement et comme leur
épanouissement en Provence ; or les couches de Villeveyrac,
isolées et comme perdues dans le département de l'Hérault,
ne présentent qu'une phase de ces grands phénomènes
sédimentaires ; il n'était possible d'en saisir la véritable
place qu'à la condition de connaître l'ensemble dont elles
font partie.

M. Matheron, mettant à profit l'avantage tout exceptionnel de posséder dans sa région naturelle la collection
à peu près complète et presque unique des archives de cette
histoire, si importante pour notre Midi, n'a pas eu de peine
à rendre à ces terrains leur vrai synchronisme.

De son côté, M. Leymeric a été amené à retrouver la

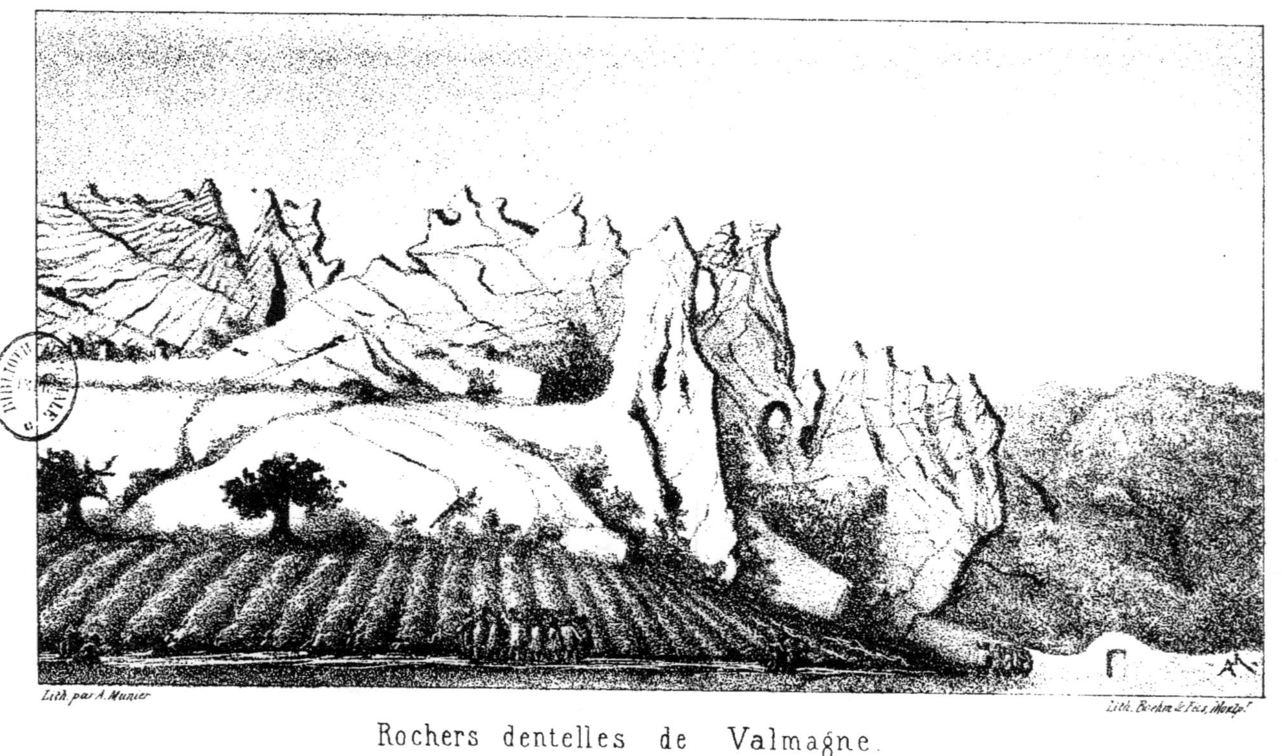

Rochers dentelles de Valmagne.

date de ces mêmes dépôts, en poursuivant dans son prolongement oriental le *groupe d'Alet,* que d'Archiac avait en 1859 si nettement détaché des couches recouvrantes à Alet, près de Limoux (Aude). L'Aude, comme la Provence, offrait donc des termes de la série dont l'absence à Villeveyrac constituait dans cette partie de l'Hérault une lacune regrettable. A la clarté des lumières qui arrivaient ainsi à la fois de l'Ouest et de l'Est, l'obscurité devait disparaître. Le système de couches rutilantes qui se développe au-dessus de l'abbaye de Valmagne s'est trouvé n'être que la suite orientale des argiles à lignites et des argiles bigarrées avec *cyrènes* de l'Aude, comme il continue à l'Ouest les argiles ferrugineuses de Vitrolles et du Cengle, de la Provence.

Un seul point reste en litige : faut-il rattacher au système rutilant les couches si pittoresques qui forment les dentelles près de l'abbaye? Cette question a été débattue par MM. Matheron et Leymerie, qui, n'étant pas du même avis, ont présenté tour à tour, sur les lieux mêmes, des considérations qui ont vivement intéressé la Société.

En jetant les yeux sur notre Carte Villeveyrac-Valmagne (*Pl.* II, *fig.* 2), on saisira facilement l'objet de la discussion : on y verra marqués de hachures spéciales les deux horizons qu'on y constate : d'une part, les calcaires marmoréens et marnes rutilantes dont le parallélisme avec le Garumnien de M. Leymerie n'est pas contesté ; d'autre part, les calcaires a dentelles, les argiles, grès et calcaires, inférieurs au système précédent, que M. Matheron place au niveau des *calcaires de Rognac,* à cause de la faune identique des calcaires à dentelles et de ces derniers. M. Leymerie voudrait comprendre tout le système inférieur dans son Garumnien.

Nous n'avons pas la prétention de vider la question débattue entre nos deux savants confrères , bien que sur notre Carte générale, dans l'unique but d'éviter l'emploi d'une couleur nouvelle, nous ayons figuré toute la surface sous la couleur et la lettre du Garumnien; nous avons voulu seulement exposer ici les termes du problème, afin d'éveiller sur ce point particulier l'attention des géologues qui, sous peu de jours, grâce à la ligne ferrée de Montpellier à Paulhan, pourront aisément se transporter dans cette région, pleine d'intérêt au triple point de vue archéologique, pittoresque et géologique.

L'heure était venue de se mettre en route pour Pézenas. Cette dernière partie de la course n'a été l'objet d'aucune constatation ; la route, effectuée en voiture, est tout entière tracée dans les marnes bleues; la colline de Marennes, entre Montagnac et Pézenas, est remarquable par la coupe naturelle qu'elle présente et les dimensions considérables des huîtres qui y forment des bancs à diverses hauteurs. La Société, après avoir observé ce gisement et recueilli un grand nombre d'échantillons de ces grandes huîtres, est arrivée à Pézenas à la nuit tombante.

Avant de terminer ce compte-rendu, nous devons rappeler avec un juste sentiment de gratitude la réception tout ensemble si luxueuse et si cordiale dont elle a été l'objet de la part de M. le marquis de Turenne, propriétaire de l'abbaye de Valmagne. M. le marquis, après une somptueuse collation offerte aux membres de la Société, les a guidés au milieu des vastes attenances de l'abbaye et du cloître, à la restauration duquel il n'a pas craint de consacrer des sommes considérables.

Journée du jeudi 15 octobre.

La journée du jeudi 15 devait être consacrée à l'étude des traces incontestables qu'ont laissées les phénomènes volcaniques dans notre région ; toutes les sortes de produits de nos volcans modernes se retrouvent dans un grand nombre de localités de notre département ; notre Carte les indique par la lettre B, affectés d'une couleur qui par son intensité se distingue de toutes les autres. Dans l'impossibilité où se trouvait la Société de les étudier partout où ils se rencontrent, elle a choisi deux points se rapportant à deux époques différentes: le premier est la presqu'île d'Agde, remarquable par l'état de conservation des principaux indices de ce genre de phénomènes ; le second est une région aux environs de Pézenas rendue classique par la découverte d'ossements nombreux qui assignent un âge précis aux alluvions volcaniques qui les renferment.

Région d'Agde. (Pl. III, fig. 4.)

Dès le matin, la Société constatait sur la voie du chemin de fer du Midi, un vaste déblai opéré dans un cailloutis très-épais, composé pour la plus grande partie de quartz blanc, lequel forme en entier le sous-sol de la presqu'île d'Agde, et n'est que le prolongement de cette vaste nappe siliceuse que nous avons indiquée comme s'étendant depuis Roquessels, non loin de Faugères, jusques à Murviel à l'Ouest et vers Mèze du côté de l'Est ; à quelques pas de la métairie Ménard, vers le Sud, on observe la superposition que présente la *fig.* 5, *Pl.* III. Le sous-sol caillouteux supporte une couche de tuffa que recouvre à son tour le basalte solide formant comme partout une masse horizontale unie. C'est au basalte que la surface comprise entre l'Hérault et la région marécageuse du petit Bagnas doit sa parfaite horizontalité, contrastant avec la gibbosité qui porte le phare : cette opposition si frappante des deux niveaux est, avec la forme du monticule, l'un des indices les plus caractéristiques d'une origine volcanique. D'Agde même et d'un point quelconque de la plaine, le mont Saint-Loup paraît, en effet, s'élever brusquement du pays bas qui l'entoure, sans s'y souder par aucun pli précurseur d'inégalités : l'humble cône élevé par des fourmis dans une allée de jardin à la suite d'un lent travail d'entassement, est le type de ce genre d'inégalités : tout cône volcanique résulte lui-même de la lente accumulation, à l'entour d'un orifice, de matériaux sortis de l'intérieur du sol à l'état pulvérulent. La constitution de la montagne du phare en est un magnifique exemple.

Les divers chemins qui d'Agde mènent à la mer, entament à peine la nappe basaltique dont l'épaisseur généralement faible n'a pas favorisé la division en prismes ; c'est sous forme de masses grossièrement sphériques que le basalte se présente ; résistant à sa partie profonde, il se délite à la partie extérieure ; les carrières où on l'exploite pour les constructions ou pour le macadam, quelques chemins creux à côté d'Agde, la tranchée du chemin de fer, permettent de constater ce mode de décomposition en globoïdes informes, qui quelquefois tout à fait isolés les uns des autres figurent assez bien, comme autour du mas Rigaud, des boulets échappés de la bouche d'un projectile proportionné à leur volume. La roche est grise, plus ou moins vacuolaire, très-pauvre en péridot ; ces trois caractères tirés de la couleur, de la texture et de la contenance en péridot, distinguent ce basalte d'autres roches de même origine que l'on retrouve en d'autres localités du département, et en particulier de celles de Montferrier, que la Société a visitées : elle y a constaté la couleur noire du basalte, sa texture compacte, sa richesse en péridot ; ce dernier semblerait donc dans nos régions avoir prédominé dans certaines éruptions que quelques signes nous porteraient à considérer comme plus anciennes, à l'encontre de ce que l'on a observé en Auvergne, où il caractériserait par son abondance les éruptions de fraîche date.

Le sentier longé par le poteau du télégraphe du phare est particulièrement propre à montrer les éléments stratigraphiques dont cette région si plate se compose. Il suit sur certains points le bord oriental de la nappe basaltique, et permet de constater la couche de tuffa qui le supporte, et dans certaines dépressions plus profondes, le cailloutis siliceux qui forme le sous-sol général. Le tuffa est argileux, composé de matériaux volcaniques très-atténués, ne rappelant en rien le tuffa palagonitique de Montferrier. A quelques pas au sud de la ferme de Tredos, une miniature de faille présente le cailloutis deux fois surélevé (*Pl*. III, *fig*. 10). Cette cassure se présentant dans la direction E.O., fait apparaître le cailloutis sur le chemin du cap (*Pl*. III, *fig*. 7) ; les cailloux occupent encore une assez grande surface au sud du mas Janin, vers Saint-Martin des Champs, dans les mêmes relations avec le tuffa et le basalte. Au nord de Tredos et non loin de la faille, le basalte s'arrête, et le tuffa, sensiblement relevé, affecte une épaisseur considérable que l'on peut mesurer en suivant les poteaux télégraphiques jusqu'aux trois quarts du cône, où il disparaît sous l'entassement des scories du sommet (*Pl.* III, *fig*. 6). La route appelée chemin du Cap, que les voitures ont forcé la Société de suivre, plate et horizontale jusqu'à ce point, s'élève rapidement et trahit, par le ralentissement imposé brusquement à la marche, la surélévation du tuffa. On a peine à ne pas y voir les traces d'une action dynamique qui aurait exagéré après coup les pentes naturelles d'un talus par entassement[1]. Quoi qu'il en soit, le basalte s'arrête au bas de la montée, et l'ascension du cône ne fait voir plus haut aucun fragment de nappe indiquant une coulée démantelée.

Au tuffa succèdent les bombes volcaniques et les scories. Le sentier qui, se détachant du chemin du Cap au sommet du col, porte au phare, est tout entier tracé sur des fragments de basalte *scoriacé*, de forme généralement elliptique, quelques-uns très-bizarrement contournés, la plupart très-spongieux, remarquablement légers ; les uns très-noirs, les autres rougis par l'oxide de fer et paraissant encore incandescents. Si, au lieu de suivre le chemin battu et rendu solide, on gravit à travers les terres cultivées, on se trouve au milieu de ces matériaux incohérents, celluleux et scoriacés, qui rendent la marche pénible et rappellent les impressions des touristes qui ont gravi le Vésuve ; près du sommet se trouve ouverte une excavation au milieu de scories rouges, restes d'une carrière de *pouzzolane* abandonnée aujourd'hui, mais qui permet de saisir

---

[1] M. A. Vézian, professeur de géologie à Besançon, dans son excellent *Prodrome de géologie* (tom. II, pag. 511), constate, au mont Saint-Loup d'Agde, une dislocation qu'il rapporte à son 37e *soulèvement*, celui du mont Ventoux.

à nu la structure de cette partie de la montagne [1]; par suite
de la disposition naturelle aux matières meubles à se stra-
tifier, on y constate des sortes d'assises, mais sans indice
aucun de l'intervention de l'élément aqueux. Le tuffa lui-
même qui supporte le basalte ne paraît avoir eu d'autre
véhicule que l'eau chaude dégagée du volcan, matière boueuse
imprégnée d'eau se déposant à mesure qu'elle s'épanchait ;
rien ne fait croire à une stratification ultérieure au milieu
d'une masse d'eau douce ou salée ; l'absence de tout débris
organique, et les délits qui ne dépassent pas en régularité
ceux que peut affecter spontanément une matière boueuse,
excluent la pensée d'une éruption sous-aqueuse.

La Société n'avait pas rencontré de scories à Montferrier ;
la forme essentiellement conique de la butte, son bouquet
de prismes au sommet, ne permettent pas de croire à
une dénudation ultérieure de matériaux autrefois existants ;
le foyer n'y a pas été actif à la manière de nos volcans modernes : les scories de la montagne d'Agde indiquent des
scènes tout autres, et nous retracent une partie de celles
dont le Vésuve et l'Etna nous rendent les témoins. Cette
accumulation sur un même point de matières incohérentes,
spongieuses, étirées, rappelle trop bien nos cônes volcaniques modernes, pour que nous n'assimilions pas, au
travers des temps, les deux phénomènes. Toutefois l'état
actuel du sommet de la montagne, les relations de position
de la nappe basaltique par rapport au lieu d'entassement
des scories, empêchent que nous retrouvions ici, comme
dans certains volcans d'Auvergne, toutes les phases d'une

---

[1] Cette structure se reconnaît encore mieux dans les collines volcaniques de Saint-Thibéry appelées *les Monts* ; les carrières de pouzzolane
ont mis à jour l'intérieur de la montagne.

éruption se faisant au centre d'un cratère, et déversant sur ses flancs des courants de lave. Nous n'avons ici, ni cratère indiscutable, ni courant dans le sens rigoureux du mot ; on compte du haut du phare jusqu'à sept monticules que nous avons eu le soin de marquer dans notre Carte et de désigner par leur nom respectif. Ils sont tous formés de ponces et de scories ; réunis entre eux par la pensée, ils ne formeraient que les trois quarts d'un cirque ; la partie demeurée béante ne paraît pas correspondre à un orifice de lave, comme c'est le cas pour certains cratères éventrés d'Auvergne ; il y a, nous le répétons, indépendance complète du basalte de la plaine par rapport au cortège éruptif du sommet : ni le basalte qui porte la ville et qui s'étend à l'ouest du pic jusqu'aux bords de l'Hérault, ni celui qui est situé au sud de la métairie Ménard, ni celui qui, auprès de la mer, porte la masure ruinée de la Clape, ne paraît s'y rattacher ; chacune de ces nappes semble née sur place à la manière de nos basaltes sans scories, représentant peut-être le cas du Puy d'Enfer en Auvergne, lequel sur la belle carte de M. Lecoq paraît sous forme d'un vaste amas de scories recouvrant un plateau basaltique ; quelques traits de la description (*Époques géologiques de l'Auvergne*, tom. IV, pag. 462) semblent empruntés à notre région. A Agde comme au Puy d'Enfer, le basalte aurait été antérieur à l'explosion des scories.

Le chemin du cap, après avoir franchi le col situé entre le grand et le petit Pioch, descend rapidement vers la partie plate du côté sud et fait retrouver le tuffa, sous-sol des scories, contenant par places des amas de concrétions calcaires blanchâtres ; le tuffa présente sur la gauche des inclinaisons très-rapides rappelant les dispositions tourmen-

Cap volcanique d'Agde.

B. les trois frères. (Dykes basaltiques.) T. Tuffa relevé par le basalte.

tées et presque discordantes, si fréquentes dans les matériaux volcaniques. Le chemin cotoie ensuite une nappe basaltique assez circonscrite, où est sise la maison de la Clape : il traverse de nouveau le sous-sol *pépérineux* que viennent recouvrir les sables des dunes le long de l'étang de Luno, et remonte sur un bourrelet très-accentué dû à une circonstance remarquable : l'existence d'un vrai filon de basalte qui a relevé le tuffa et formé une éminence allongée parallèle au rivage dont l'extrémité occidentale porte le nom de cap d'Agde (*Pl.* III, *fig*. 4).

La Société a descendu les couches pépérineuses fortement relevées sous la batterie, et a constaté par-dessous la présence de roches basaltiques noires, scoriacées, dont on ne peut récuser le rôle dynamique. Ces roches se présentent sous la forme pittoresque de trois dykes isolés qu'on appelle dans le pays les Trois Frères. On les voit du bord de la mer surgissant au-dessous du tuffa, et témoignant d'une éruption postérieure à celle, déjà bien récente, des matériaux volcaniques de la région que leur superposition au-dessus des cailloux siliceux rapproche des derniers temps de l'époque quaternaire.

Région du Riége, près Pézenas. (Pl. III, fig. 9.)

La seconde partie de la journée allait être consacrée à l'étude d'une nouvelle région qui présente elle aussi des traces de phénomènes volcaniques, mais dans des conditions tout autres. La disposition des lieux, la nature des dépôts, l'époque de leur formation, tout devait différer dans ce nouveau champ d'observation. On n'avait pas affaire à un ancien centre de phénomènes éruptifs, se révélant aux yeux par ses formes et par la nature spéciale des matériaux accumulés. Ici, ni éminence en forme conique, ni vastes plateaux à surface horizontale contrastant par cette horizontalité avec un sous-sol diversement accidenté ; de simples dépôts, que tout dans leur disposition ferait confondre au premier abord avec des sédiments ordinaires, mais qui se distinguent par leur couleur généralement noire et leurs éléments empruntés pour la plus grande partie à des roches de provenance volcanique.

Au bas de collines d'une médiocre hauteur, sur un espace resserré où coule un faible cours d'eau appelé le Riége ou Saint-Martial, on observe un ensemble d'assises très-irrégulièrement inclinées, formées d'une alternance de grès siliceux grossiers et de marnes blanches fissiles, qui présentent toutes d'une manière uniforme le caractère remarquable d'être pénétrées de fragments de basalte et de péridot : les grès plus ou moins cohérents, à éléments plus ou moins fins, très-caillouteux sur certains points, dominent dans la formation. Ils ont enveloppé des débris nombreux de grands mammifères, parmi lesquels les paléontologistes ont reconnu un éléphant particulier, l'*Elephas meridionalis*, un hippopotame, l'*Hippopotamus major*, un grand cerf, qui a reçu de M. P. Gervais le nom de *Cervus martialis* (voir le dessin ci-contre). Les mêmes débris se retrouvent dans les marnes intercalées ; ces dernières contiennent en outre des lymnées qui rappellent les formes actuelles et des empreintes de tiges et de feuilles. C'est à feu Henri Reboul (de Pézenas), correspondant de l'Institut, qu'on doit la première constatation de ce gîte ossifère, et à feu le professeur Jules de Christol les premières déterminations. On y observe par places des calcaires lacustres très-blancs, très-compactes, ne formant pas de couches continues, mais visiblement inclus dans les

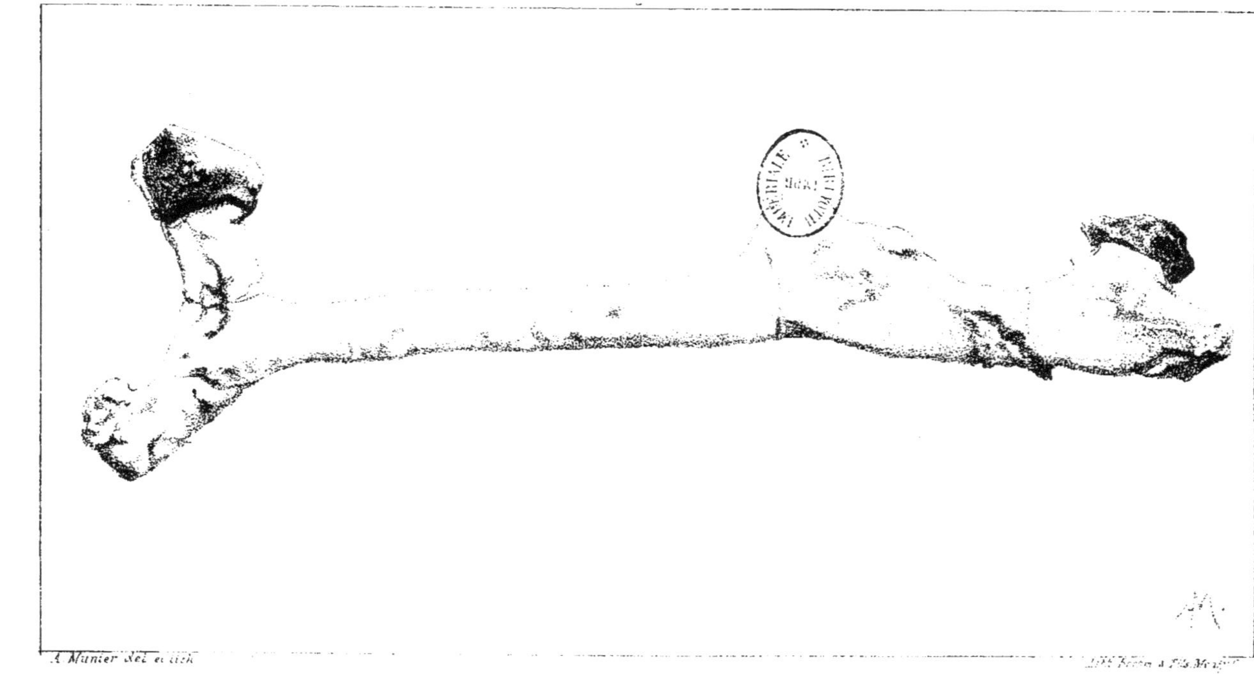

Bois de Cerf. Cervus Martialis. (P.Gerv) $\frac{1}{6}$ de Grandeur.

assises fluvio-volcaniques. Cette dernière qualification, que nous appliquons à ce dépôt, indique son origine : dépôt essentiellement de transport, formé par voie mécanique, interrompu à divers intervalles par des périodes de calme favorables à la précipitation de marnes ou de calcaires, et attestant, par la nature de ses matériaux, l'existence de phénomènes volcaniques accomplis antérieurement à sa formation.

Ces phénomènes, qui ont dû précéder le dépôt du Riége, sont-ils de la même époque que ceux observés à Agde le matin? Un simple fait d'observation suffit pour donner à cette question une réponse négative. Nous avons constaté à Agde la superposition du tuffa, du basalte et des scories sur un cailloutis siliceux incohérent; or le même cailloutis, dont l'uniformité des caractères à la faible distance qui sépare les deux localités ne permet pas de méconnaître l'identité, recouvre ici les sédiments détritiques en question. Ce fait de superposition s'observe très-nettement sur un certain nombre de points, et tout particulièrement au fond d'un petit affluent du Riége, qui coule au nord de la propriété dite Payrat.

Nous avons donc une série de trois termes parfaitement distincts, en recouvrement l'un sur l'autre : l'inférieur, les sédiments fluvio-volcaniques du Riége ; l'intermédiaire, le cailloutis siliceux ; le supérieur, les produits volcaniques du mont Saint-Loup à Agde. Les deux termes extrêmes ne sauraient évidemment être du même âge. Où donc trouver, en dehors d'Agde, la source des matériaux du Riége? La Société ne s'étant proposé d'autre but que la constatation des divers faits que pouvait lui offrir la localité circonscrite qu'elle examinait, nous ajournerons à d'autres publications la discussion du problème, nous contentant d'affirmer, par anticipation, que la provenance devra s'en trouver dans quelques-unes des éruptions basaltiques riches en péridot, analogues par leur nature et probablement par leur date à celle de Montferrier.

Confiné, dans l'état actuel des choses, sur les bords du Saint-Martial, où une grande dénudation, le dépouillant de sa couverture de cailloutis, l'a mis à découvert, le dépôt ossifère du Riège se montre sur toute son étendue en contre-bas d'abrupts assez prononcés, formés par des marnes jaunes que leur caractère minéralogique et les nombreuses huîtres qu'elles contiennent donnent à reconnaître pour notre calcaire moellon. Au pied de ces abrupts, couronnés sur la plus grande partie de la surface géographique étudiée par le cailloutis désagrégé, les sédiments fluvio-volcaniques se relèvent sous des inclinaisons très-prononcées et si irrégulières, qu'on est amené à n'y pas voir l'effet de dislocations, mais, comme pour la pépérine d'Agde, au sud du sémaphore, le simple résultat du mode dont les courants tumultueux les ont entraînés et déposés dans les dépressions de la mollasse.

Toutefois, le sous-sol immédiat de cette formation n'est pas constitué par la mollasse proprement dite, ou la marne jaune, qui se développe absolument pure et sans élément de transport sur une si grande étendue de notre département; ce qui forme la base immédiate du dépôt fluvio-volcanique à *Elephas meridionalis*, c'est, comme on peut le constater en face même de Payrat, dans le ruisseau des Aiguals, sur la berge gauche, une mollasse caillouteuse que nous avons appelée *mollasse à dragées*, à cause des cailloux de quartz blancs et translucides dont elle est en quelque sorte pétrie. Ces cailloux, de volume variable, remarquables par l'exclusion d'aucune autre variété de silice, toujours plus ou moins fortement agrégés, forment sur certains points des bancs très-épais où le ciment mollassique, reconnaissable, partout où il se trouve, à sa texture de falun durci, disparaît presque entièrement. Sur d'autres points, ils se présentent en assises irrégulières alternant avec des marnes jaunes qui rappellent la mollasse, ou perdues au milieu de sables que l'on prendrait pour les sables supérieurs de Montpellier. C'est sous cette forme qu'ils se montrent en particulier vis-à-vis de Payrat, où ils constituent sur la rive droite du Riége la butte dite de Saint-Palais, parce qu'elle domine du côté Sud la campagne appelée de ce nom, sise sur la grand'route.

Des observations que nous avons eu l'occasion de faire dans des régions voisines, mais en dehors du champ actuel d'étude de la Société, nous portent à penser que cette mollasse cailloutense forme un dépôt particulier postérieur à la mollasse proprement dite, le plus souvent accumulée dans des dépressions. La formation *à Elephas* du Riége aurait succédé à ce premier dépôt détritique, mais agrégé, et aurait été suivie du grand phénomène de transport qui aurait laissé sur toutes nos hauteurs un manteau épais de cailloux pour la plupart siliceux, mais différant par leur état d'incohérence, leur volume et leurs éléments variables, des matériaux constitutifs de la mollasse à dragées. Nous sommes donc amené à constater dans cette région une longue succession de phénomènes détritiques qui auraient transporté des matériaux à peu près exclusivement siliceux et qui auraient commencé vers la fin de l'époque tertiaire, pour se continuer sans interruption et s'épanouir en quelque sorte vers les derniers temps de l'époque quaternaire. (Voir, dans l'Appendice, le mot *Mollasse.*)

Colline de Saint-Siméon, près Pézenas.

En retournant à Pézenas, la Société a étudié la composition de la butte Saint-Siméon, qui fait partie du massif de collines dont le revers méridional lui avait offert les formations du Riége et de Saint-Palais.

La route de Pézenas à Roujan est frayée sur les marnes jaunes et bleues, qui se reconnaissent facilement sur le bord gauche de la route, la rivière de la Peyne ayant du côté droit dénudé la berge et recouvert le sous-sol de ses alluvions ; à la distance d'environ 2 kilomètres de la ville, ces marnes présentent un talus rapide, érodé à l'Est et au Nord, et constituant sous forme de butte le bord escarpé d'un plateau d'environ 100 mètres de hauteur, qui se prolonge jusqu'à Saint-Palais : c'est la butte de Saint-Siméon, que notre dessin ci-contre représente; elle forme l'un de ces témoins si fréquents dans les pays d'érosion, rappelant l'ancien niveau du sol avant le travail mille fois séculaire de nos cours d'eau. La colline de Marennes, que la Société avait visitée la veille, correspond à l'Est à celle de Saint-Siméon, et les plateaux de Tourbes au Sud, ceux d'Aumes à l'Est, dessinent à l'œil d'une manière très-nette l'orographie du pays antérieurement à l'isolement du plateau de Saint-Palais. Les moindres détails de configuration physique sont sur notre globe sous la dépendance étroite de la nature minérale du sol ; la physionomie raide et abrupte du sommet de la butte, son talus rapide, indiquaient d'avance qu'on avait affaire à une partie marneuse revêtue de roches

Colline de Saint Simeon près Pezenas.

^ Butte Saint Siméon. M.B. Marnes bleues. C.L. Calcaire lacustre.

plus résistantes. C'est ce que la Société a constaté en gravissant le monticule par sa pente la plus rapide.

Au-dessus de marnes bleues et jaunâtres plus ou moins durcies, elle a observé la présence d'assises rocheuses qui ont provoqué son intérêt d'une manière toute particulière; elles lui révélaient un fait tout nouveau pour elle: l'existence au-dessus de nos marnes jaunes d'un dépôt calcaire qui, par les hélix et les lymnées qu'il renferme, révèle un mode de formation exclusivement lacustre; ce calcaire est en relation immédiate avec notre *mollasse à dragées*, au milieu des couches de laquelle il parait imbriqué.

Ce fait, déjà très-important comme indice d'un nouvel horizon géologique, ne constitue pas un simple cas nouveau d'alternance de dépôts d'origine différente; il établit par cette liaison étroite et cette fusion entre les deux sortes de sédiments, le cas plus rare du mélange de deux milieux différents, l'un fluviatile ou lacustre, l'autre marin, dans lequel mélange se serait formée une roche participant à la fois des deux natures. Reboul donnait, avec juste raison, le nom de *mixte* à ce calcaire, un même échantillon lui ayant fourni tout ensemble des pectens et des planorbes; les hélix y sont particulièrement nombreuses : le phénomène de transport, attesté par les cailloux quartzeux, se serait donc accompagné d'alluvions fluviatiles, et les animaux terrestres ou d'eau douce, comme aussi les matériaux essentiellement sédimentaires, tels que le calcaire et la marne, se seraient déposés simultanément avec les sédiments marins de la mollasse à dragées.

Des exemples nombreux de ce nouvel horizon lacustre intercalé dans notre mollasse se retrouvent en beaucoup de localités de cette région; il parait y constituer un dépôt d'une certaine étendue, embrassant la surface géographique où se trouvent Fontès, Magalas, Saint-Geniès-le-Bas, Aspiran, Paulhan, Caux, Nisas, Adissan. La formation lacustre que notre Carte signale à Frontignan, se rattache probablement à ce même niveau, auquel doit encore être rapporté celui des sédiments qui à Montouliers, non loin de Bize, ont fourni des débris si nombreux et si bien conservés de dinothérium. (Voir, Appendice, le mot *Lacustre*.)

Journée du vendredi 16 octobre.

Course à Roujan *(trias, terrain jurassique)*. Cabrières *(terrain palœozoïque)*. (Pl. II, fig. 3.)

La Société s'est fait transporter en voiture jusqu'au nord de Roujan, au point où sont exploitées les plâtrières dites plâtrières de Roujan. La route plate, sans inégalité de terrain, longe, non loin de Pézenas, les collines mollassiques, parcourues la veille, de Saint-Siméon et de Saint-Palais, puis se déroule uniformément sur la surface même du cailloutis siliceux ; au-dessous se retrouvent les marnes jaunes marines concrétées sous forme de calcaire moellon, et sur certains points remplies de cailloux siliceux, dont la forme généralement ellipsoïdale, la blancheur et une remarquable translucidité rappelant des dragées, justifient notre dénomination de *mollasse à dragées*. Cette dernière, par une coïncidence mise hors de doute, ne se trouve guère bien développée que dans la région où le cailloutis siliceux incohérent atteint lui-même son principal développement. La mollasse, si étendue aux environs de Montpellier, n'en porte pas trace.

La rampe de Roujan, que l'uniformité générale du niveau rend plus sensible, est due à la présence de bancs durs dans cette mollasse à dragées qui supporte le village. Les marnes bleues inférieures, par leur facilité plus grande à se laisser éroder par les eaux, ont aidé à ce relief; elles forment le sol de la route de Vailhan qui passe, sans autre changement topographique, sur le toit des plâtrières; les marnes bleues expirent tout auprès et les recouvrent, et sans les fosses d'extraction on n'eût pas reconnu le contact des deux formations; quelques roches dolomitiques surmontent les couches de plâtre; plus au Nord, le relief s'accentue sous l'influence des relèvements du massif *palæozoïque*, dont les différents éléments allaient sous peu se laisser reconnaître l'un après l'autre, grâce à la route qui les franchit dans une direction transversale.

Le mode d'être du plâtre, sa qualité, les couches qui le recouvrent, ont un moment arrêté l'attention de la Société; les conditions de gisement se retrouvent ici les mêmes que dans toutes les autres régions triasiques du midi de la France : grands amas plus ou moins épais, consistant en couches infiniment minces de marnes interstratifiées entre les parties gypseuses, qui elles-mêmes ne présentent aucune régularité ni continuité de stratification; filets gypseux flexueux, roses, verts ou blancs; portions plus compactes d'une exploitation productive, mais toujours décomposables en éléments fibreux, limitation plus ou moins irrégulière de la partie renflée, prolongements plus ou moins atténués des extrémités, grands pans verticaux dans la partie renflée exploitée, parties plus ébouleuses au toit et sur le prolongement des carrières : tout indique le mode uniforme de dépôt d'une substance formée en nids, poches ou lentilles, grossièrement et sans ordre, au milieu d'argiles terreuses qui n'ont pas permis au dépôt de se séparer entièrement de la matière ambiante.

Les rochers dolomitiques sus-jacents n'ont pas fourni des caractères précis d'âge bien accusé. Pourtant, l'économie géologique de la contrée, établie déjà depuis longtemps et confirmée par des observations faites la veille par M. Dieulafait, porte à croire que l'on a affaire aux premiers dépôts jurassiques qui offrent plus à l'Est des témoins irrécusables de l'horizon de l'*Avicula contorta*.

Les *marnes irisées* qui enveloppent le gypse s'étalent dans la plaine, tout en se relevant vers le Nord, et renferment dans leur épaisseur quelques couches de calcaire solide qui déterminent une première saillie dirigée N.E. S.O.

Le *grès bigarré*, représenté par un conglomérat à éléments siliceux très-grossiers, d'une couleur rouge intense, affleure au Nord, formant une deuxième ride moins nette, et en contre-bas de la première ; il s'adosse sur les schistes d'abord rougeâtres, puis bruns et ardoisiers, que leurs caractères pétrographiques et les débris de végétaux qu'ils contiennent font reconnaître sans aucun doute pour les schistes impressionnés permiens. Quelques détails de contact entre ces diverses formations, une sorte de mur formé par le grès bigarré en contre-bas dans la rivière, donnent à penser qu'il y a eu en ce point dislocation et mouvement moins contestable plus loin vers l'Ouest, mais dont la réalité ne sera plus douteuse en amont à l'inspection du conglomérat permien inférieur. Ces accidents de dénivellation sont nettement mis en saillie dans un Mémoire inédit de M. Graff, ancien ingénieur des mines de Neffiez et dans la Carte qui l'accompagne, publiée à la suite du mémoire de M. Fournet, sur l'*extension du terrain houiller*. (Acad. de Lyon. 1854.)

Les schistes ardoisiers, peu relevés, se redressent brusquement contre un banc épais et compacte de conglomérat, à gros éléments parfaitement cimentés, la plupart calcaires, d'autres plus rares, siliceux, que MM. Graff et Fournet ont reconnus partout comme formant la base du permien, et qu'ils ont élevés à la hauteur d'un véritable et très-secourable *horizon géognostique* dans la contrée; le grès bigarré leur avait offert un premier niveau non moins constant, non moins favorable à l'orientation géologique.

Les berges de la rivière sont constituées en ce point par la formation permienne qui y atteint une hauteur considérable; elles se resserrent à partir de là et changent de nature; une roche de structure confuse et de couleur verdâtre affleure sous le conglomérat; à l'absence complète de stratification, aux fissures rectilignes et dirigées en divers sens, à la pâte cristalline granitoïde en certains points, avec cristaux de feldspath plus distincts, noyés au milieu d'une masse verdâtre, on reconnait une roche éruptive, peu susceptible d'être nettement dénommée, mais qui rentre évidemment dans la catégorie des roches porphyriques.

L'apposition de ce permien redressé sur la nouvelle roche a provoqué de la part de la Société la question de savoir si le porphyre avait agi comme masse soulevante, et s'il devait être considéré comme n'ayant apparu qu'après la formation permienne et triasique. M. Graff, dans son Mémoire inédit, lui attribue, pour date d'apparition, l'intervalle du temps écoulé entre le silurien et le devonien. Quelques considérations d'associations stratigraphiques ont fait, dans l'esprit d'autres observateurs, reculer leur âge à une époque plus ancienne et tendraient à les établir comme contemporains des dépôts siluriens, entre lesquels ils seraient inclus ; quoi qu'il en soit, ils ont précédé le dépôt du terrain houiller, dont ils paraissent avoir contribué à former les éléments, ainsi qu'on peut l'observer au nord de Fouzillon, dans le dépôt houiller qui recouvre le revers sud du plateau de Sauveplane. Les dislocations du lit de la Peyne, si visibles à l'œil, pourraient être la conséquence d'un mouvement de beaucoup postérieur à l'épanchement ; des traces de ce mouvement se retrouvent à quelques pas plus loin, au niveau du moulin de Faytis, où la Société a pu constater un dérangement local et des pendaisons de couches en tous sens.

L'influence de la dénivellation s'éteint bientôt, et en amont, vers le détour que fait la rivière vers l'Est, les couches de schistes ardoisiers permiens, toujours plongeant au Sud, se succèdent avec une régularité parfaite dans le lit même de la rivière, et par conséquent à un niveau topographique bien inférieur à celui qu'elles affectaient en aval. Au-dessous d'elles apparaissent quelques représentants des conglomérats calcaires qui recouvrent le terrain houiller : des grès très-caractérisés, avec traces de calamites formant le toit de la couche de combustible, décèlent, par leur nature, par leurs grains de quartz et leurs paillettes de mica, le nouvel horizon qui forme un affleurement en écharpe continue et régulière dans l'espace compris entre Neffiez et le confluent du Ribourel et de la Peyne ; ce point hydrographique, remarquable dans la géographie de la contrée, l'est bien davantage encore au point de vue géologique.

A gauche, à l'Ouest, le terrain houiller, bien distinct en ce point, semble disparaître pour céder la place à un développement considérable de marnes noires schisteuses, dont la couleur analogue à celle du terrain houiller provoque une confusion momentanée ; c'est l'horizon des schistes siluriens à *Cardiola interrupta* et à *graptolites*, très-noirs eux-mêmes, qui apparaît ici, venant de l'Ouest, au contact du massif porphyrique, et se perd au contact du terrain houiller.

Les couches noires, fortement redressées, buttent en amont contre de vraies murailles de strates quartzeuses, tapissées du *Lichen geographicus*, revêtement habituel de la silice, lesquelles se prolongent à l'Est et, découpées en arêtes, forment un relief topographique connu dans la contrée sous le nom de grand et de petit Glauzy.

La nature gréso-quartzeuse des roches qui les constituent leur donne une grande résistance ; leur intercalation au milieu de couches plus facilement délitables imprime à ce massif un cachet tout particulier, qui s'impose de lui-même à l'observation du géologue : l'intérêt s'accroît quand on vient à constater que ces couches quartzeuses renferment un grand nombre de débris d'Encrines, et qu'elles supportent un ensemble de strates calcaires et schisteuses d'aspect jaunâtre, toutes pétries de restes organiques. Ce sont, d'après les notes de M. de Verneuil, transcrites dans le Mémoire inédit de M. Graff, des *orthis*, des *leptœna*, des encrines, des polypiers indéterminés : *Hemicosmites pyriformis, Caryocistites, Favosites fibrosa, Chœtetes torrubiœ, Chœtetes trigeri.*

Quelques membres, parmi lesquels M. le pasteur Frossard (de Bigorre), ont cru y reconnaître le niveau du devonien ; toutefois la présence signalée par M. de Grasset, au-dessus de ces couches, de l'horizon des schistes noirs à cardioles, permet d'affirmer que c'est bien à un niveau silurien que l'on a affaire, niveau intermédiaire entre les trilobites et les cardioles, dont les représentants organiques, il est vrai peu déterminables, avaient donné à penser à feu Sœmann, de si regrettable mémoire, que la faune dont ils font partie était plus ancienne qu'aucune autre de France.

L'itinéraire tracé, dirigeant toujours en amont la Société, lui permettait, grâce à la pendaison des couches toujours sud, de retrouver les strates inférieures au système du Glauzy : c'étaient des schistes verts ou violacés recouvrant immédiatement le porphyre ; des parties de cette dernière roche, moins altérées que les autres et lavées par les eaux, ont permis de reconnaître la structure porphyrique plus développée que près de Faylis ; puis viennent les schistes à trilobites, dont les relations un peu indécises sur certains points semblent se dessiner en grand, comme supportant le porphyre qui supporterait à son tour les couches du Glauzy ; un fait incontestable, c'est que plus à l'Est, vers la Peyne, les schistes à *asaphes* affectent visiblement le plongement sud général, en conséquence duquel ils paraissent naturellement former la base de tout ce qui s'est présenté depuis le Glauzy ; ils ont présenté des gâteaux à asaphes au sud de la campagne nommée Barthez.

En ce même point, on constate l'existence d'un ilot calcaire parfaitement circonscrit, contrastant par sa pétrographie avec les roches antérieurement observées : calcaire blanc compacte, marmoréen, traversé de filets de spath, qu'un grand nombre de *Productus* très-bien conservés ne tardent pas à placer à leur véritable niveau géologique, le *calcaire à productus* ou *carbonifère*.

Des roches de même nature et de même aspect, formant des massifs ou plutôt des buttes de même configuration, s'alignent de distance en distance de l'Est à l'Ouest, et se profilent sous les yeux de l'observateur, dessinant, au milieu de la région uniformément schisteuse, une ligne brisée, bizarre par la disposition de ses parties ; les *productus* qu'elles renferment attestent une unité d'horizon dont on à peine à s'expliquer les conditions de limitation en largeur et de fragmentation en direction.

Il est probable que ces buttes représentent autant de noyaux calcaires dégagés aujourd'hui de la gangue schisteuse qui les enveloppait autrefois ; M. Graff remarque très-bien que les couches inférieures de ces calcaires à *productus* sont d'une nature schisteuse, qui les fait quelquefois confondre avec les schistes à asaphes, leur sous-sol ; la configuration des buttes, leur forme grossièrement arrondie qui pourrait les faire comparer à des bulbes d'oignon, leur surface comme lavée et quelquefois polie, leurs parties les plus extérieures un peu schisteuses, leur enveloppement partiel dans de vrais schistes, confirment cette manière de voir. Primitivement disposées en séries régulières et comme en chapelets, elles auraient conservé cette régularité après la dénudation ; en outre, le développement sur certains points de parties schisteuses, essentiellement carbonifères, témoignerait de l'ancienne existence de la matière enveloppante aujourd'hui disparue.

M. Graff cite, d'après M. de Verneuil, les fossiles suivants dans le calcaire carbonifère :

Productus giganteus, edelbergensis, latissimus, cora, semireticulatus ; Spirifer integricosta, lineatus ; Evomphalus acutus ; Caninie gigantesque voisine de la *Caninia gigantea* ; *Lithostrotion floriforme* ; *Lithodendron fasciculatum* ; *Bellerophon hiulcus* ; baguettes de Cidaris ; tiges et articulations de plusieurs espèces d'Encrines.

Les buttes calcaires disséminées sur les schistes sont donc en quelque sorte sans racines, et témoignent seulement des actions dénudatrices qui se sont exercées au détriment de la formation dont elles sont les seuls restes. Cet isolement et leur couleur blanche contrastant avec les teintes brunes des roches ambiantes, leur communique une importance topographique et pittoresque qui ajoute à l'intérêt et à l'originalité de ces régions ; l'une d'elles, plus allongée que les autres, ou plutôt résultant d'un certain nombre d'îlots plus circonscrits, porte le vieux château des Sept-Vailhan, agrégation de maisons perdues au nord de ces rochers calcaires qui se dressent et dominent la combe schisteuse creusée à leur pied par la rivière.

C'est dans cette combe que la Société est descendue, après avoir, de la hauteur de Barthez, contemplé la succession si régulière des couches qui bornent au Sud l'horizon : croupes permiennes ne présentant aucune aspérité rocheuse, affleurement houiller, schistes à cardioles, système redressé du Glauzy, porphyre, schistes à asaphes : cette même série se poursuit à l'Est, et c'est sur un nouveau témoin du calcaire carbonifère que la Société a trouvé dans la vigne de M. de Bronac, ingénieur des mines de Neffiez, un rafraîchissement singulièrement apprécié à cause de la bonne grâce de l'hôte et de l'opportunité de l'invitation.

Un nouvel élément stratigraphique se présentait à quelque distance au nord du lieu de la halte : c'est un massif calcaire dont les caractères et les fossiles ne rappellent aucun de ceux reconnus jusqu'alors dans la course : calcaire jaunâtre, dolomitique, en assises généralement minces, formant un vaste plateau ; il contient dans son épaisseur des couches quartzeuses qui offrent la particularité d'être criblées de cavités du fond desquelles s'élancent, en forme de colonnettes, des tiges d'Encrines entièrement siliceuses; ces couches, plus résistantes par leur nature, saillent sur certains points du reste de la masse sous forme de crête rectiligne que l'on prendrait de loin pour un filon d'âge postérieur aux couches enveloppantes ; cet effet se produit surtout sur le revers nord en vue de Cabrières.

Les débris organiques soumis par M. Graff à l'examen de M. de Verneuil sont, d'après la liste incluse dans le Mémoire inédit du premier :

Terebratula princeps ou *subwilsoni, reticularis, plicatella; Leptœna imbrex; Orthis crenistria, striatula; Pentamerus galeatus; Evomphalus; Favosites gothlandica, Goldfussi; Chœtetes trigeri;* Polypiers indéterminés.

Ce plateau, dit le Falgairas, a son bord découpé au N.E. du Vailhan, en ligne courbe, formant un demi-cirque, et donne lieu, grâce à l'assise de schistes marneux noirs à cardioles qui le supporte, à un niveau d'eau très-remarquable dans le pays ; il s'étend à l'Est jusques au sud de Cabrières et donne, par l'uniformité de ses roches et de son relief, un caractère de monotonie à la route de Neffiez à Clermont, qui a engagé la Société à faire une partie de ce trajet en voiture.

Avant de se diriger vers le Nord, elle a constaté deux faits intéressants. C'est d'abord la trace d'une dislocation considérable accusée par le redressement presque vertical des schistes permiens contre le calcaire du Falgairas, au lieu dit la Resclause ; c'est ensuite l'existence sur le même point d'un dépôt très-épais de tuf qui n'a pas offert de débris végétaux, mais dont la formation rentre dans les conditions ordinaires de cette catégorie des phénomènes quaternaires dont le village de Castelnau, près Montpellier, a offert dès le second jour un si remarquable représentant.

La Société n'a quitté les voitures qu'après avoir atteint le bord septentrional du plateau, au moment où un monde tout nouveau allait provoquer son attention ; elle abordait la combe d'Isarne, l'un des points les plus curieux de la région par le nombre des termes de la série palæozoïque qu'elle renferme, et aussi par un souvenir du plus haut intérêt pour l'histoire de la science. La multiplicité des horizons, l'absence de netteté dans leurs contours et dans leurs relations réciproques, des apparences trompeuses dans les contacts et dans les rapports stratigraphiques, ont donné lieu, de la part de MM. Graff et Fournet, à une infraction temporaire aux lois d'une saine paléontologie, dont ils n'ont pas tardé à revenir, à la lumière des documents puisés par M. de Verneuil dans une connaissance plus complète des éléments de la faune palæozoïque.

Sous les yeux de l'observateur placé au commencement du premier des nombreux lacets de la route qui descend vers Cabrières, se dresse au Nord un pic élancé, au talus rapide sur les trois quarts de sa hauteur, au sommet escarpé, qui forme le trait le plus saillant de l'orographie du pays : c'est le pic de Bissous ou de Cabrières, du nom de la petite localité qu'il domine ; il atteint une hauteur de 482 mètres, altitude faible en elle-même, mais rehaussée par le niveau généralement déprimé de la région environnante et aussi par la forme élancée de son sommet, qui se détache en sorte de bonnet phrygien du reste de sa masse. Notre collègue, M. Martins, a retrouvé dans son aspect quelques traits du rocher de Gibraltar (voir le dessin ci-contre).

Entre le pic et le lieu actuel de l'observation s'étend un espace de quatre à cinq kilomètres, occupé par un mamelonné formé de talus et de crêtes, indices de la double nature schisteuse et calcaire des roches qui le constituent. Les crêtes s'alignent vers l'Ouest en trois rangées parallèles, séparées par des vallées ou bas-fonds creusés dans le sous-sol schisteux : l'une, la plus septentrionale et la plus élevée, où saillent les pics de Bissous et de Bissounet; les deux autres plus rapprochées à gauche de l'observateur; celle que suit la route se trouve au premier détour rompue en deux portions légèrement rejetées l'une par rapport à l'autre.

C'est à cette rupture et à ce rejet qu'est due la combe d'Isarne, et, dans cette combe, l'apparition au jour des couches recouvertes, et aussi l'inclinaison rapide vers le Sud des roches solides sous l'influence du glissement plus ou moins considérable des couches schisteuses sous-jacentes.

Au-dessous des calcaires du Falgairas que nous avons déjà décrits, se présente un talus rapide, formé par les marnes noires et schisteuses à cardioles déjà si souvent signalées : c'est l'horizon du silurien supérieur, dont M. de Verneuil a déterminé les fossiles suivants :

Siphocrinites elegans; Cardiola interrupta; Terebratula sapho; Graptolites priodon; Orthoceratites elegans.

Quelques-uns de nos confrères ont recueilli sur les lieux mêmes des Cardioles et de nombreux Graptolites.

Le contact immédiat de ces schistes avec les calcaires recouvrants ne permet pas de récuser en doute leur succession sans intermédiaire dans la série des dépôts, du moins dans notre région, qui en offre plus d'un exemple.

En descendant la combe et contre le talus, se trouvent des calcaires en rognons ellipsoïdaux, entremêlés de schistes dont la richesse en Encrines et en Productus établit l'âge précis, mais dont les conditions stratigraphiques sont telles qu'elles ont pu suggérer et suggéreraient encore, sans le *veto* de la paléontologie, la notion d'une superposition normale des schistes à cardioles sur le calcaire carbonifère. Ce dernier s'accompagne vers l'Est de couches gréseuses où se rencontrent de nombreuses empreintes de plantes, parmi lesquelles M. Graff signale les *Knorria imbricata, Stigmaria ficoïdes, Lepidodendron dichotomum,* précurseurs sinon représentants de la flore houillère. Ajoutons encore qu'au détour même de la route, à l'extrémité du premier lacet, dans un rapport d'apposition presque immédiate au calcaire du Falgairas et aux schistes à cardioles, se rencontrent des dalles dressées de calcaire brun rougeâtre, contenant des débris de *Goniatites,* dont un certain nombre se trouvent isolées sur le sol : *Goniatites amblylobus, retrorsus.* L'examen des fossiles a dissipé les obscurités de la stratigraphie ; la simple constatation de ces horizons divers, leur coexistence sur une surface aussi circonscrite, le peu d'épaisseur des couches qui les représentent, justifient amplement les défaillances momentanées des premiers observateurs, et le rétablissement de l'ordre, au milieu d'éléments en apparence si confus, peut . être considéré comme l'un des titres les plus éclatants dont puissent se prévaloir les doctrines paléontologiques.

Les calcaires devoniens, accompagnés vers l'Est de couches de *lydienne*, se présentent à droite de la route sur une plus grande surface. Leurs strates minces, relevées vers le Nord, caractérisées par la couleur spéciale des marbres griottes de Caunes, des Pyrénées et de la Saxe, s'appuient sur des calcaires qui constituent la plus méridionale des trois crêtes que nous avons signalées, et que nous avons décrite comme rompue en deux portions déjetées, toutes deux d'une composition identique.

Ces derniers calcaires présentent une particularité pétrographique remarquable. Généralement dolomitiques, ils offrent dans leur épaisseur des portions circonscrites demeurées à l'état calcaire, lesquelles, par leur blancheur et leur saillie, contrastent d'une façon bizarre avec le fond uniformément jaunâtre du reste de la masse. Ces parties de roches normales semblent, de loin, former un dépôt indépendant et plus récent que les autres. Examinées de près, on les voit se fondre peu à peu dans les couches dolomitiques. La plus considérable et la plus saillante de ces masses calcaires ainsi circonscrites forme la gibbosité nommée montagne de Bataille, sur la moitié déjetée au Nord et à l'Ouest; d'autres se profilent en séries rectilignes qui s'aperçoivent de loin sur les principaux massifs du même calcaire dolomitique (Ballerades, la Rossignole, la Serre); les calcaires normaux sont la plupart rubanés de zones de quartz lydien, dont la continuité dans les couches dolomitiques établit à nouveau cette liaison et cette identité.

A ces caractères déduits de la pétrographie s'ajoutent ceux que la paléontologie fournit, et qui concourent avec les premiers, malgré quelques éléments communs, à faire de la formation qui les renferme un horizon nouveau et

autonome ; c'est d'abord, dans les portions calcaréo-sili-
ceuses, la présence d'un grand nombre de queues, de
têtes, de thorax, de trilobites des genres *Bronteus, Har-
pes, Phacops,* parmi lesquels M. de Verneuil a reconnu
le *Phacops latifrons,* le *Bronteus palifer* ; c'est ensuite
une extrême abondance de polypiers qui a valu à cette
formation, de la part de MM. Graff et Fournet, le nom de
calcaire à polypiers ; ce sont, parmi les plus communs :
Cyathophyllum helianthoïdes; *Haliolites interstincta,
cystiphyllum*;*Stromatopora concentrica*;*Chœtetes trigeri.*
À ces fossiles se joignent des *Brachiopodes* dont la Société
a recueilli quelques-uns sur sa route : *Terebratula princeps* ou *subwilsoni, reticularis* ; *Orthis crenistria;* un spirifer voisin du *Spirifer speciosus;* un autre qui rappelle
le *Spirifer Bouchardi.* Parmi les débris recueillis par un
cultivateur de la localité, nous avons cru reconnaître une
calcéole, mais unique et de provenance peu sûre; toutefois, on ne saurait douter qu'elle ait été ramassée dans l'un
des massifs de la région. On y trouve encore un capulus
voisin du *Capulus priscus,* la *Posidonomya Becheri,* le
Tentaculites ornatus.

La fracture qui forme la combe d'Isarne a mis à jour les
schistes inférieurs, où se sont retrouvés sous les yeux mêmes
de la Société des gâteaux à asaphes.

Les mêmes schistes forment le sol et les berges de la
route jusques à Cabrières, où la Société s'est arrêtée pour
passer la nuit.

Si nous récapitulons les divers horizons reconnus dans
la journée par la Société, nous aurons la série suivante
dans l'ordre ascendant:

Schistes à asaphes.

Silurien
Porphyres.
Quartzites et grès de Glauzy.
Schistes à *Cardiola interrupta.*
Calcaire dolomitique du Falgairas avec quartz à Encrines.

Devonien
Calcaire à Polypiers.
Lydiennes, schistes noirs et strates rouges avec Goniatites.

Carbonifère.
Houiller.
Permien.

Les fossiles énumérés suffisent à assigner au plus grand nombre de ces dépôts leur place respective dans le tableau général des terrains; le niveau du calcaire à polypiers, que nous rapportons au terrain devonien, malgré quelques fossiles communs avec le calcaire du Falgairas, que certaines considérations stratigraphiques nous engagent à laisser dans le silurien, est l'unique objet de divergence entre le classement préétabli par M. Graff et le nôtre. L'opinion de cet ingénieur, tendant à rapporter au silurien toutes les couches ci-dessus énumérées, jusqu'aux schistes noirs et strates rouges, pour lui comme pour nous, essentiellement devoniens, repose sur une interprétation particulière des faits de stratigraphie qu'en son absence nous n'avons pas cru devoir évoquer au sein de la Session actuelle; cette discussion sera le sujet d'une publication qui suivra l'impression de son Mémoire.

Journées du samedi et du dimanche, 17 et 18 octobre.

Course au pic de Cabrières, à Mourèze, à Clermont. à la tuilière de Lodève.

(Pl. ii, fig. 3, et Pl. iii, fig. 10.)

Avant de raconter l'ascension au pic de Cabrières, nous croyons devoir renouveler au nom de tous nos confrères l'expression d'une juste reconnaissance pour l'hospitalité si spontanée et si cordiale des habitants de Cabrières : la table de M. Lenoir servie avec une recherche tout intentionnelle, son humble café transformé en *Hôtel des Géologues*. des lits mis libéralement à la disposition des membres de la Société dans chacune des maisons de ce village, sont autant de traits de cette réception exceptionnelle, qui ne s'effaceront plus du souvenir de ceux qui en ont été les objets ; Cabrières a été baptisé ce jour-là, par tous, la vraie capitale des régions palæozoïques de France. Nous rappellerons encore les divers toasts portés pendant le repas : à M. Graff, ex-directeur des mines de Neffiez, qui, avec M. Fournet (de Lyon) et le concours ultérieur de M. de Verneuil, a si bien déchiffré les terrains si compliqués et si intéressants de cette contrée ; à M. le professeur Ansteed, secrétaire de la Société géologique de Londres, qui a bien voulu venir fraterniser avec ses collègues de France dans une région si éloignée de la sienne ; double toast porté par nous : à MM. les membres de la Société géologique, par M. Alfred Westphal, qui s'applaudit du bon accueil fait par la Société à celles des personnes qui l'ont accompagnée sans faire partie du nombre de ses membres ; à la fraternité scientifique, par M. le pasteur Frossard, qui

Pic de Cabrières.   Sil Silurien. Dev. Devonien.

constate avec bonheur la réunion fraternelle, pour la recherche du même but scientifique, de tant d'hommes divers
de pays et de religion ; enfin, aux habitants de Cabrières,
si hospitaliers, par M. le vice-président Coquand.

Le pic de Cabrières, qui s'était montré dès la veille à
la Société sous un jour si pittoresque, n'est pas constitué
en son entier par la même roche ; les trois quarts de
son épaisseur sont formés de schistes à trilobites ; la partie
supérieure présente un système tout différent de couches
qui ne contribue pas peu à accentuer la saillie du sommet.
Ce sont d'abord des calcaires schisteux rubanés de quartz
lydien, puis ce même quartz sans calcaire, supportant
des assises minces de calcaire rouge à goniatites ; le tout est
surmonté d'un massif de calcaire blanchâtre, marmoréen,
présentant une grande quantité d'empreintes d'encrines, et
en certains endroits de nombreux trilobites de petite
taille ; ce calcaire tranche par sa couleur et ses couches
massives avec les strates devoniennes qu'il couronne et
revêt vers le Nord sur une partie de leur surface.

Cette succession d'assises, d'observation si facile, présente donc un cas de superposition du devonien sur le
silurien moyen, sans l'intermédiaire du double horizon
supérieur des grès de Glauzy et des schistes à cardioles.

Une lacune non moins importante s'observe dans cette
même coupe : l'absence du calcaire du Falgairas qui,
partout où il se présente dans la région, recouvre immédiatement les schistes à cardioles (plateaux de Sauveplane,
du Falgairas, mont Conil); de son côté, l'horizon des
goniatites présente ici les divers éléments qui le constituent
partout dans les environs de Cabrières : la mer devonienne
paraît donc avoir déposé dans toute cette région des sé-

diments similaires ; de plus, elle semble avoir respecté la
série des grès de Glauzy, des schistes à cardioles et des
calcaires à encrines siliceuses ; en effet, nulle part dans la
contrée ces derniers termes de la série silurienne ne sont
recouverts par un dépôt ultérieur et ne présentent trace de
dénudation.

La Société a pu jusqu'à un certain point constater de
loin ces différents faits, grâce au magnifique panorama qui
se déroulait à ses pieds ; son attention s'est portée successivement aux divers points de l'horizon qui lui offraient tout
ensemble les terrains qu'elle avait parcourus la veille et
ceux qu'elle devait traverser dans la seconde partie de la
journée.

C'était au Sud, et jusqu'à la vue de la butte basaltique de
Fontés, une succession de collines et de combes dirigées
E.O., celles-ci creusées dans les schistes à trilobites, celles-
là formées par des calcaires tous devoniens, à l'exception
d'un seul, carbonifère (le Vieux-Château), lesquels se
présentent sous forme de nappes respectées par l'érosion
ou de buttes isolées par elle et offrant aux regards le contraste de roches d'un blanc éclatant, se détachant sur un
fond de calcaire jaunâtre et dolomitique.

Au-delà de ces reliefs, la plaine de l'Hérault et son mamelonné peu accusé formé par la mollasse, les dépôts lacustres, et le terrain jurassique qui se distingue moins par
son altitude que par la couleur de ses roches et l'état dénudé de sa surface ; au plus loin les étangs et la mer, à la
séparation desquels surgissent la montagne jurassique de
Cette et la gibbosité volcanique du Saint-Loup d'Agde,
servant d'attache au ruban sinueux du cordon littoral.

Tout au pied du pic, sur la droite, un accident topogra-

Les Collines de Cabrières au Sud du Pic. (Vue prise du Pic)

1. Ballorudas. 2. Rossignole. 3. Butte de fontes. 4. La Serre. 5. Bataille. 6. le Pigeonnier. 7. le Taïgairas. 8. Mourno Cabrières et vieux château. 9. Tuff de l'Estavel. A. Plion de cuivre. B. Village de Cabrières.

phique très-circonscrit frappe les regards : c'est un méplat de terrain limité sur trois côtés par un abrupt que l'aspérité de la roche fait reconnaître de loin pour un dépôt de tuf, formé à la longue par une source intermittente à longs intervalles, qu'on appelle dans le pays Estavel.

Le dessin ci-contre donne la silhouette des principaux éléments du relief de la région ; l'observateur est supposé sur le pic, la face tournée du côté du Sud.

A l'Est, les terrains palæozoïques se prolongent et finissent par disparaître sous les formations du trias et du jurassique qui enceignent la fraîche oasis de Villeneuvette.

A l'Ouest, l'œil rencontre un plateau remarquable par sa surface sans inégalité, qui lui vaut le nom de *causse*, dénomination générale affectée dans le pays aux plateaux étendus, les plaines en montagnes, comme les appelle Buffon. C'est le causse de Rouet de Valmascle, formé par une masse uniforme de tuf et de basalte qui recouvre les schistes anciens et dérobe aux regards les dépôts secondaires qui se développent au nord du pic.

Ces dépôts affectent ici des formes d'une beauté pittoresque exceptionnelle, que l'on chercherait vainement ailleurs, et que la Société appréciera mieux quand elle s'en sera rapprochée et qu'elle aura parcouru les méandres des chemins fantastiques creusés par l'érosion ; il s'agit d'un développement unique de la dolomie qui représente ici l'*Oolite inférieure* ; ses formes bizarres attirent de loin les yeux de l'observateur et semblent reculer en sa faveur les bornes de l'horizon, que la grande muraille dolomitique limite pourtant à une assez faible distance du pic, et au-delà de laquelle on ne peut atteindre qu'après s'être rapproché de Clermont-l'Hérault.

Cette nouvelle région devant faire l'objet de la course du soir, la Société s'est contentée de cette vue générale et est redescendue à Cabrières sur la même face du pic, par un chemin différent de celui qu'elle avait suivi le matin, mais qui lui a naturellement offert, dans leur même ordre respectif de succession, les divers systèmes de strates déjà reconnus par elle : les schistes du bas de la montée lui ont permis de faire une abondante récolte de trilobites.

Quelques heures après, elle gagnait la région de Mourèze, pour se rendre à Clermont, d'où le chemin de fer devait la porter le soir même à Lodève.

Sur son passage se trouvait la fabrique de Villenenvette, si intéressante par son histoire et ses traditions locales, en même temps que par la direction éclairée et paternelle de la famille Maistre. Son représentant actuel, M. Jules Maistre, bien connu même en dehors de l'industrie par ses travaux météorologiques, a bien voulu nous servir de guide au milieu de ses nombreux ateliers. Après une trop courte visite, nous avons franchi en voiture le massif épais de calcaires magnésiens que la stratigraphie rattache au devonien ; ces calcaires reposent sur des schistes qui, à une très-petite distance, ont fourni un fragment de trilobite que M. de Verneuil croit être un *asaphus*, et des sortes de protubérances bilobées portant à leur surface des réseaux de stries qui rappellent les empreintes nommées *bilobites*, sur la vraie nature desquelles on n'est pas encore d'accord.

Nous nous trouvions alors à la limite nord des terrains palæozoïques ; ils disparaissent sous les formations secondaires, pour ne plus se montrer nulle part en France avec cette multiplicité d'horizons accumulés sur un aussi étroit espace.

Superposition de l'Oxfordien Ox.sur la Dolomie Dol, au Nord de Mourèze. ^ Mourèze.

Dessin de Wolkoff, lith. par A. Munier

Lith. Boehm & Fils, Montp.r

Rochers dolomitiques de Mourèze.

Calcaires et dolomies de l'oolite inférieure (*étage bajocien* d'Orb.), lias moyen calcaire, marnes supraliasiques (*liasien marneux* et *toartien* d'Orb.), n'occupent vers la descente de Mourèze qu'une largeur de quelques mètres, tant ils y sont dressés et resserrés. Le lias moyen et supérieur formant voûte, l'épaulement oolitique nord se développe, et la dolomie qui le représente affecte une épaisseur considérable qui, grâce à sa structure poreuse, a offert un merveilleux champ d'action aux agents atmosphériques ; l'ouvrier n'a pas fait défaut à la matière et l'œuvre n'est pas restée en dessous de la matière et de l'ouvrier : tout ce que l'imagination peut se représenter de grandiose, de féerique, comme châteaux ruinés dont se distinguent mal les maisons du village, tours démantelées, gigantesques monolithes, murs excavés, voûtes sombres, portiques élancés, figures grotesques, pyramides reposant sur leur pointe, s'y trouve à chaque pas réalisé. Un effet de contraste rehausse le pittoresque; la dolomie déchiquetée en aiguilles supporte des assises nettement réglées, à double courbure en forme de berceau, d'un calcaire compacte blanchâtre que ses caractères et ses fossiles rattachent à l'oxfordien supérieur et au corallien. (Voir les deux dessins ci-contre).

Le sentier que nous avons suivi se déroule au milieu de blocs colossaux de toutes les formes, le long de la paroi qui supporte les couches du *Jura blanc*; un autre spectacle non moins original devait, après une heure de marche, nous apparaître du milieu même de ce chaos: c'est l'horizon monochrome des schistes permiens de la vallée du Salagou, lesquels par leur couleur rutilante et leurs formes moutonnées donnent lieu à une opposition étrange avec la couleur grise et les aspérités sauvages de la contrée où nous

nous trouvions. Le dessin ci-contre représente ce relief permien au nord de Liausson.

Le jurassique continue à former le sol jusqu'aux portes de Clermont, où le trias, riche en dépôts de gypse, affleure dans le bas-fond sous les premières maisons de la ville. Une carrière où se trouve la *Gryphea cymbium*, exploitée pour alimenter un four à chaux, indique dès l'entrée l'horizon du lias moyen; la Société s'est bornée à en constater l'existence, l'heure et le programme la dirigeant sur Lodève.

Bien des sujets différents d'étude l'attendaient aux environs de cette ville; l'îlot de transition qui supporte Lodève, le permien et ses ardoises riches en débris de végétaux qui nous ont fourni la belle empreinte de reptile nommée *Aphelosaurus lutevensis* par M. P. Gervais, le développement du trias avec ses empreintes de *Labyrinthodon*, l'horizon si recherché de la cosmopolite *Avicula contorta*, enfin le jurassique avec son caractère local de dépôt tranquille et sa forme topographique de *causses* aux vastes étendues, devaient ouvrir de nouveaux champs d'observation à la Société et ajouter à ceux des jours précédents un nouvel exemple de la coexistence sur un espace infiniment resserré d'horizons géologiques très-divers.

Malheureusement une pluie torrentielle durant de longues heures l'a forcée de renoncer à cette partie de son progamme; une tentative digne d'une meilleure issue lui a permis de toucher un moment du marteau les premiers schistes ardoisiers de la tuilerie; la coupe du permien de Lodève, dressée par M. Coquand en 1855 et lue sur place par la Société, lui a épargné un travail de recherche que rendaient difficile les conditions du moment; car, la pluie redoublant, elle a dû battre en retraite et se résigner à

Relief Permien au N. de Liausson

Marnes lie de vin dites <u>Ruffes</u>.

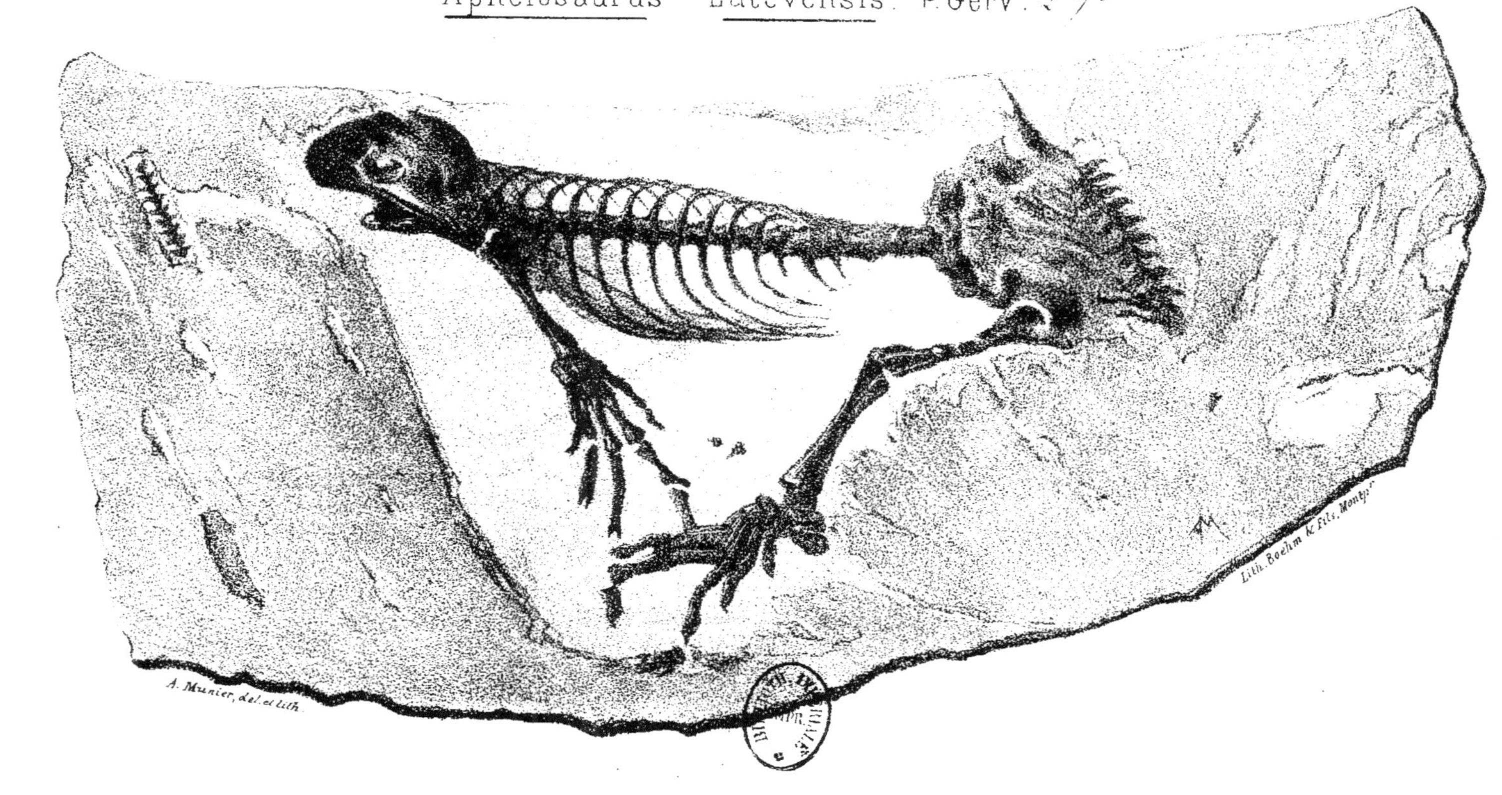

Aphelosaurus Lutevensis. P. Gerv.

Empreintes de Cheirotherium. (Kaup.)
Labyrinthodon. (Owen).

chercher dans la cause même de son mécompte un objet d'observation, tout nouveau du reste pour un grand nombre de ses membres peu familiarisés avec les phénomènes hydrologiques du Midi. L'abondance des eaux tombées en un petit nombre d'heures, le grossissement presque instantané de la rivière, la nature et la quantité des matières entraînées, lui donnaient en quelque sorte le spectacle des scènes du même ordre qui ont dû se répéter si souvent à la surface du globe et ont produit les vastes dépôts détritiques qui entrent pour une si grande part dans sa composition. Les agents actuels, dans leur manière la plus habituelle, se sont comme imposés à son souvenir, pour la maintenir dans la saine méthode de l'interprétation géologique. Nos confrères, MM. Michel, Martins et Jules Maistre, ont bien voulu nous donner, à l'occasion de cette chute d'eau, quelques chiffres exacts que nous croyons opportun de placer à la suite de ce compte-rendu, en l'absence d'aucune autre reconnaissance géologique; trois ou quatre membres seulement ont cependant bravé le temps pour aller reconnaître le gisement du *Labyrinthodon* dans les assises supérieures du grès bigarré de Fozières.

Notes à propos de l'inondation du 18 octobre 1868 dans la vallée de l'Hérault.

M. J. Michel, ingénieur, communique les documents suivants :

L'Hérault est un fleuve dont le régime exceptionnel, comme celui de tous les cours d'eau du versant de la Méditerranée, mérite d'être signalé.

Les crues sont violentes, mais de courte durée; elles ont lieu ordinairement entre le mois de septembre et le mois de décembre, et entre le mois de février et le mois de mai; c'est-à-dire aux environs des équinoxes. Les crues d'automne sont habituellement plus fortes que les crues de printemps.

Dans l'intervalle qui sépare les crues, les eaux redescendent à un niveau très-bas, et pendant les deux périodes sèches du mois de décembre au mois de février, et du mois de mai au mois de septembre, les eaux sont habituellement à un niveau d'étiage presque constant.

Le bassin de l'Hérault se compose de trois parties distinctes : deux bassins de montagne et un bassin de plaine.

Les deux premiers, celui de l'Hérault et celui de l'Ergue, se développent l'un au nord, l'autre au sud du plateau du Larzac; leur régime torrentiel est le même, mais il arrive heureusement pour la plaine que le plateau qui sépare les deux bassins est assez grand pour que les phénomènes météorologiques qui donnent naissance aux violentes crues de l'un des affluents ne sévissent pas avec la même intensité dans l'autre bassin.

L'Hérault est alimenté par les eaux du plateau nord du Larzac, des versants sud des Cévennes au-dessus du Vigan. L'Ergue descend du sud du Larzac et des vallées profondes de l'Escandolgue ; leur jonction se fait au-dessous de Gignac. A partir de ce point, le régime torrentiel fait place au régime de fleuve de plaine alimenté par des affluents latéraux à crues soudaines aussi, mais beaucoup moins importantes que celles de l'une ou de l'autre des deux branches principales.

Les bassins de l'Hérault et de l'Ergue, au-dessus de Gignac, comprennent une surface d'environ 1,900 kilomètres carrés.

Le débit des crues peut être évalué, après la jonction des deux affluents, à près de 2 mètres cubes par kilomètre carré, soit de 3,500 à 3,800 mètres cubes par seconde.

C'est, dans les Cévennes, un fait d'observation, qu'un bassin de 500 à 2,000 kilomètres carrés fournit aux crues un débit de 2 mètres cubes par kilomètre carré, aux cours d'eau, tant que leur régime est torrentiel. Ces débits énormes correspondent à des pluies dont on ne se fait pas facilement une idée dans les régions septentrionales. Les chiffres qui seront donnés à ce sujet à la Société géologique me dispensent d'insister.

Toute crue fait irruption violente dans le lit du fleuve sous forme de raz de marée. C'est une barre qui s'avance avec des hauteurs de 1 à 200 au-dessus de l'étiage, culbutant tout sur son passage, et s'annonçant par le choc des eaux et des pierres à une distance de plusieurs kilomètres. Ce flot marche avec des vitesses de 4 à 5 kilomètres par seconde. lorsqu'il est descendu dans la plaine de l'Hérault. Chaque affluent secondaire présente le même phénomène, jusqu'à ce qu'il soit venu se perdre dans la crue générale.

Dans la journée du 18 octobre, l'orage n'a rien présenté d'extraordinaire dans la plaine de l'Hérault au-dessous de Gignac, ni dans le bassin de l'Ergue. La pluie à Clermont et à Lodève, au sud du Larzac, n'avait pas une intensité exceptionnelle pour le pays. On pouvait compter qu'il y aurait une crue; c'était l'époque ordinaire, et les vents du sud, qui soufflaient depuis la veille, l'annonçaient suffisamment; mais rien ne faisait présager une inondation dont le souvenir dût rester dans les annales de la vallée de l'Hérault.

Les eaux du bassin de l'Ergue s'écoulèrent en produisant une crue moyenne au-dessus de l'étiage, dans la vallée de l'Hérault, en se joignant à celles de tous les petits affluents de la rive gauche, où l'on ne signala rien d'exceptionnel.

Les eaux provenant de la vallée de l'Ergue, colorées par les débris arrachés au terrain permien rouge si caractéristique de la région, baissaient déjà sensiblement, quand tout à coup le niveau se releva et atteignit la plus grande hauteur connue dans la vallée de l'Hérault.

Cette recrudescence provenait uniquement du bassin au nord du Larzac. La pluie y tomba avec une violence extrême, et la crue s'éleva au pont de Gignac, en amont du confluent de l'Ergue, à 13 mètres au-dessus de l'étiage. La plus haute crue connue, au passage de ce pont, était de 11^m,50 seulement. Ce fut donc, le 18 octobre, une surélévation de 1^m,50. Le pont de Gignac a deux arches de 20 mètres et une arche centrale de 48 mètres d'ouverture.

A 10 kilomètres plus bas, à Belarga, la crue n'était plus que de 0^m,10 au-dessus de la crue de 1860, qui avait été produite en grande partie par les pluies extraordinaires tombées dans le bassin de l'Ergue.

A Montpellier, où il était tombé 0^m,13 d'eau, on ne constata non plus rien d'extraordinaire.

Ainsi, une pluie pour ainsi dire normale dans toute la partie du département de l'Hérault, au sud du Larzac a été suivie d'une inondation extraordinaire, par suite de l'afflux des eaux provenant du bassin de l'Hérault dans la partie de son cours au voisinage des Cévennes.

La quantité d'eau tombée dans ces régions a dû être énorme, puisque l'Hérault seul, arrivant à Gignac dans la soirée du 18 octobre 1868, a déterminé une crue dont la hauteur, entre Pézenas et Gignac, a dépassé de 0^m,10 la crue du 29 octobre 1860, qui était de 1 mètre supérieure à toutes les crues connues dans cette même région.

Seulement la crue de 1860 avait été provoquée surtout par l'arrivée simultanée de tous les affluents de la rive droite de l'Hérault, jointe à une forte crue du bassin supérieur.

Les trombes ou masses d'eau prodigieuses, tombant à la fois sur un point particulier du versant des montagnes qui regardent la Méditerranée, sont fréquentes. Elles sont dues à la lutte qui s'établit entre le vent du nord et le vent du sud; l'orage s'ensuit, les nuages comprimés laissent tomber des torrents d'eau, et le phénomène météorologique cesse quand le vent du nord, triomphant enfin, chasse les nuées sur la mer, où elles vont se perdre sans davantage faire parler d'elles.

M. Jules Maistre, chef de la fabrique importante de Villeneuvette, a relevé les chiffres suivants :

Le 17 octobre 1868, la pluie a commencé à 6 heures 1/2 du soir, n'a cessé le lendemain qu'à 2 heures 1/2 de l'après-midi, et a donné pour résultat 0^m,180 millimètres d'eau en 20 heures.

M. Jules Maistre nous donne comme comparaison les chiffres suivants :

Les 1er et 2 octobre 1865, la pluie tombée fut de 578 millimètres en 26 heures, c'est-à-dire de 0^m,022 en moyenne par heure; la pluie la plus forte a eu lieu entre 9 et 11 heures du matin; 185 millimètres d'eau sont tombés dans l'espace de deux heures.
Le 23 juin 1868 a vu tomber 210 millimètres d'eau dans 19 heures.

M. le professeur Martins nous transmet les chiffres suivants :

Le même jour, 18 octobre, a vu tomber 68 millimètres d'eau à Saint-Pons (N. du département à 316^m au-dessus de la mer), à Loupian (à 2 kilom. de l'étang de Thau), 108 millimètres, à Saint-Maurice sur le Larzac (519^m), 350 millimètres ; le 17 octobre à Montpellier, 5 millimètres, et le 19, 107 millimètres.

Journée du lundi 19 octobre.

Course à Bédarieux par l'Escandolgue, Lunas et le Bousquet.
(Pl. iii, fig. 10 et 11.)

La Société a pu, grâce au beau temps qui a brusquement succédé à la tempête de la veille, gravir la rampe du causse de l'Escandolgue; elle a traversé les assises du trias et un développement considérable de couches jurassiques généralement horizontales, mais fracturées en divers sens, qui constituent un relief orographique tout particulier aux environs de Lodève et jusque dans l'Aveyron et le Gard.

Le massif, plus surbaissé de ce côté qu'il ne l'est au nord de Pégayrolles, n'est pas surmonté par les marnes supraliasiques, ni couronné par les dolomies de l'oolite qui, rappelant quelques accidents de celles de Mourèze, se développent sur de vastes espaces tout autour du Caylar, sur la route de la Lozère.

Des couches dolomitiques puissantes appartenant au lias, plus résistantes et plus massives que celles de l'oolite et des assises calcaires qui leur paraissent subordonnées, forment presque à elles seules la masse de la montagne que la route gravit en lacets allongés. Quelques fossiles trouvés dans un banc calcaire ont rappelé la faune d'*Hettange* à M. Coquand. On s'élève insensiblement jusqu'à des bancs dont les caractères extérieurs et quelques débris de fossiles tendraient à fixer la place au niveau du lias moyen ; des amas puissants de tuffa volcanique, de pépérines grises et rougeâtres, enveloppant de gros nodules de péridot, supportent une nappe solide de basalte compacte qui revêt le massif calcaire en formant une longue dorsale étroite, mais nettement dessinée du Nord au Sud, à partir du bois de Guillaumar, dans l'Aveyron, jusqu'au-dessus de Saint-Martin-de-Combes, au sud de Lodève, et se prolongeant presque jusqu'à la mer en îlots isolés ou sous forme d'évents localisés et circonscrits. Ces points sont marqués sur notre Carte générale par une couleur rouge vif.

Aucune preuve suffisante ne permet encore d'établir la contemporanéité de ces éruptions volcaniques avec celles qui près de la mer, à Saint-Thibéry et au Saint-Loup d'Agde, ont recouvert de leurs produits le cailloutis siliceux que la Société a observé près de Pézenas : une différence remarquable entre elles gît dans la proportion du péridot, infiniment réduite et presque à l'état microscopique dans les basaltes d'Agde et Saint-Thibéry, très-considérable au contraire et sous forme de boules et de fragments volumineux dans ceux de la partie nord du département, comme aux évents de Montferrier près de Montpellier, et de Fontés près de Pézenas. L'ancienneté plus grande de ceux-ci doit être admise jusqu'à nouvel ordre.

Un peu avant le sommet de la côte, la Société a pu constater le contact du basalte et du calcaire, et se convaincre qu'à peu près aucun effet métamorphique ne s'est produit.

La route, après avoir dépassé le col où se trouve la baraque de Branle, juxtaposée aux calcaires du lias moyen, descend rapidement la même rampe du côté de Lunas, laquelle se déroule en plein massif jurassique que traversent à intervalles des filons basaltiques généralement étroits, faisant fonction de pieds ou de colonnes du basalte qui s'étale en forme de champignon à la surface de la roche. Le lias inférieur supporte Lunas et se termine à quelques mètres plus bas , vers la vallée de l'Orb , pour laisser apparaître successivement le trias, le permien, le houiller et le granite.

Ces terrains divers saillent très-nettement aux yeux de l'observateur, grâce à la disposition en étages qu'ils affectent jusqu'après le Bousquet d'Orb.

Les hauts sommets du Mendip, formés d'une roche granitoïde et constituant le massif du bois de Vernazobres, se détachent directement au Nord, supportant successivement et en retrait, les uns par rapport aux autres , les schistes houillers avec couches de combustibles exploités, le grès rouge ou permien se présentant sous forme de conglomérats littoraux grossiers, et de schistes monochromes ; ces derniers, érodés par les eaux, se montrent, du côté du Sud, sur l'autre bord de la rivière, affleurant sous forme de talus peu rapides au-dessous d'une corniche saillante de grès bigarré, que surmonte à son tour un nouveau talus formé de marnes ternes faiblement irisées correspondant au Keuper ; le tout est recouvert d'un abrupt calcaire, prolongement des roches liasiques qui enceignent Bédarieux du côté de l'Ouest.

Le Bousquet d'Orb, placé en contre-bas de ces terrasses, adossé au conglomérat permien , dominé par les roches cristallines du Mendip, offrait une halte naturelle à la Société. Elle y a trouvé au sein de la famille de M. Simon, directeur des mines de Graissessac , un accueil des plus gracieux , un repos des plus confortables. Mesdemoiselles Simon, en l'absence de leurs parents, retenus bien malgré eux dans ce moment à Paris pour des affaires urgentes, se sont acquittées de leur tâche d'hôtesses avec la plus charmante et la plus délicate simplicité.

Après une visite faite à la Verrerie, où l'observation des laitiers a provoqué des remarques intéressantes sur les phénomènes relatifs à la cristallisation des roches ignées, la Société a suivi la route de Bédarieux ; peu après avoir dépassé le Bousquet, elle a constaté l'abaissement sensible de tous les systèmes reconnus près de la Verrerie. Le lias forme à lui seul les berges de la route qu'il encaisse, et livre à la rivière un passage sinueux au travers d'une fracture étroite que sa masse a subie.

A gauche de l'Orb s'étagent, sur le lias, les marnes supraliasiques formant talus et supportant un cordon calcaire, remarquable sur certains points par une couleur rougeâtre qui lui a fait donner dans le pays le nom de *roc rouge*; il représente l'oolite inférieure calcaire ; au-delà, sur un troisième plan et par places, sur le bord même de la corniche, se développent les dolomies de ce même niveau qui, en ce point, viennent en droite ligne de Mourèze, leur centre d'épanouissement.

La Société a pu constater cette succession aussi nette qu'intéressante, du haut du plateau liasique très-étendu qui se développe sur la rive droite de l'Orb jusque vers Hérépian, en aval de Bédarieux, où le trias affleure de nouveau, fournissant à la station de Lamalou ses eaux thermo-minérales. Un dernier trait de ce panorama est fourni par la grande muraille composée de schistes et de calcaires anciens qui se profile du côté du Sud sur la rive droite de la rivière, et forme de ce côté la limite septentrionale des terrains palæozoïques de Cabrières ; un sommet proéminent de cette chaîne rappelant, par sa composition à la fois schisteuse et calcaire, comme aussi par son isolement du côté du Nord, le pic de Cabrières, constitue le point oro-

graphique le plus considérable de la région de Bédarieux;
il porte dans le pays le nom de *pic de Tantajo* (518ᵐ).

Journée du mardi 20 octobre.

La Société avait eu à opter, pour l'emploi de la matinée
de ce jour, entre une visite à la station thermale de Lamalou et la reconnaissance des conditions de gisement de
la houille de Graissessac. Elle a choisi cette dernière, et,
grâce à la bienveillante intervention d'un grand nombre
d'habitants de Bédarieux, elle s'est trouvée en peu de moments en possession de véhicules qui lui ont permis de
franchir sans fatigue la distance qui la séparait du centre
d'exploitation. Les quelques heures dont elle avait à disposer,
la séance de clôture ayant été fixée pour ce jour même à
Béziers, ont été consacrées par elle à l'étude des éléments
du terrain houiller et à l'examen des travaux extérieurs,
qui ont pour objet le triage du combustible, son lavage
et la fabrication des agglomérés. Conduite par MM. les in-
génieurs Lombard, Gounod, Sarrut et Pomier-Layrargues,
elle a constaté la superposition immédiate des grès et des
schistes houillers sur des schistes plus anciens contenant
des calcaires dont elle n'a pu apprécier exactement la date
précise à cause de l'absence de fossiles, et de l'impossibilité
où elle se trouvait de faire un raccordement avec les terrains
similaires du reste du département. Elle a pu seulement
constater le caractère absolument lacustre du dépôt, aucune
couche marine n'étant intercalée entre lui et le sol qui le
supporte. Quelques filons d'une roche porphyroïde, à larges
cristaux de feldspath et de quartz légèrement teinté de
violet, rappelant l'améthyste, ont été observés par elle dans

les schistes anciens, constatés en indépendance parfaite par rapport au terrain houiller.

L'outillage perfectionné pour l'extraction, le transport, la mise en usage du combustible, l'utilisation du menu, a excité au plus haut point son intérêt et valu à M. l'ingénieur Lombard, particulièrement chargé des travaux d'exploitation, des félicitations très-vives de la part de quelques-uns de nos confrères très-compétents en la matière.

M. Pomier-Layrargues ayant bien voulu, sur notre demande, esquisser les principaux traits de l'histoire et du mode d'exploitation de ce riche bassin, nous croyons bien faire, pour compléter dans les limites d'une Session unique les notions recueillies sur les formations importantes de notre département, d'introduire ici cet intéressant exposé.

Note sur le bassin houiller de Graissessac :

par M. POMIER-LAYRARGUES.

I. POSITION GÉOGRAPHIQUE ET GÉOLOGIQUE DU BASSIN.

Le village de Graissessac, situé à 15 kilomètres de Bédarieux, sur la limite nord de l'Hérault, a donné son nom au bassin houiller dont il occupe à peu près le centre, et qui s'étend dans la direction E.O.. depuis le confluent du Roufliac et de la rivière d'Orb jusqu'au pont de la Mouline, sur la route d'Agde à Castres.

Le terrain houiller, presque entièrement découvert. forme. entre ces deux points éloignés de 20 kilomètres . une zone montagneuse, dont la largeur en atteint deux.

Au nord et vers l'ouest. il est redressé contre les schistes du terrain de transition. Ces schistes sont traversés en certains points par des filons d'un beau porphyre[1] dont la nature et la direction ont été déterminées par **M**. de Rouville.

Vers le sud, il s'appuie sur des schistes analogues et des calcaires qui donnent à la cuisson une bonne chaux hydraulique.

A l'est, dans la concession du Bousquet, il s'est affaissé sous les grès rouges permiens de la vallée de l'Orb.

II. OROGRAPHIE DU TERRAIN HOUILLER.

La surface du bassin est très-accidentée, la crête nord de l'encaissement forme les sommets abrupts et élevés (1063 m.) d'une partie de la ligne de partage des eaux de l'Océan et de la Méditerranée, dont l'alignement varie peu en ce point de celui (système des Ballons) O. 15° N.

C'est à ce violent mouvement qu'il faut attribuer le soulèvement du terrain houiller, au-dessus de tous les dépôts postérieurs et les dislocations qui ont ouvert ses vallées et mis à nu ses nombreux affleurements.

L'altitude moyenne du terain houiller est de 380 mètres, son aspect varié.

Au-dessus de quelques prairies qui accompagnent ses thalwegs, s'étagent en gradins, sur les versants méridionaux, les dernières vignes de la contrée.

Les pentes tournées vers les autres vents cachent leur couleur grise sous des bois épais de châtaigniers et leurs cerclières, qui font la culture principale du pays.

Plus haut, vers le nord, dans ses parties les plus redressées, l'aspect devient plus sauvage, la végétation y est contrariée par la dispersion des blocs de grès et des arènes accumulées par les cassures du terrain et l'action du temps.

C'est du milieu de ces éboulis, parsemés de bruyères et de genêts, que se dégagent les crêtes finales du grès houiller.

[1] Pâte verte avec grainsde quartz améthyste et cristaux de feldspath orthose.

III. HISTORIQUE DU BASSIN.

Dans le nombre des vallées qui sillonnent le bassin, on peut en distinguer quatre principales, naissant à la ligne de faîte dont nous avons parlé, et découpant transversalement la partie supérieure des dépôts houillers dans la direction N.N.O, S.S.E.

C'est dans les affleurements de celles de Clédou et d'Espaze, dont les villages de Graissessac et de Camplong occupent le fond, que furent ouverts les premiers travaux.

Ils remontent fort loin. Le mineur Gensanne, dans son *Histoire naturelle du Languedoc*, publiée en 1766, parle en ces termes :

« Parvenus à Graissessac, nous avons visité les mines de charbon que le sieur Giral y fait exploiter. Nous avons d'abord observé auprès de l'entrée une quantité considérable de charbons extraits, et étant entrés dans les travaux, nous y avons trouvé trente mineurs effectifs, avec les officiers nécessaires à ce travail. La veine qu'on exploite a depuis 5 jusqu'à 12 pieds d'épaisseur, et le charbon y est d'une qualité supérieure. Les travaux y sont conduits avec la plus grande intelligence : tout y est solide, bien aéré et soutenu avec soin. L'eau n'y incommode pas, attendu qu'on a eu l'attention de se procurer des percements qui en facilitent l'évacuation.

»De là, nous avons passé à Camplong : il y a ici quantité de mines de charbon ; on y remarque beaucoup d'ouvertures qui ont été faites par les paysans, à la surface des veines, sans ordre ni ménagements. Toutes ces ouvertures superficielles se sont éboulées et rendent l'accès du charbon très-difficile et très-coûteux. »

Les concessions auxquelles le bassin donna lieu datent de ce siècle.

Leur morcellement nuisit au développement des travaux.

Ce n'est qu'à partir du moment où les quatre principales furent réunies dans les mêmes mains, que l'exploitation prit un premier développement en rapport avec les richesses du bassin.

On eut d'abord à lutter contre la difficulté des transports, et cet obstacle arrêta l'essor de l'extraction, qui ne fournissait à la vente qu'une trentaine de mille tonnes , péniblement charriées sur les routes jusqu'au canal du Languedoc.

L'ouverture du chemin de fer de Graissessac à Béziers, qui eut lieu vers 1858, permit enfin de donner aux travaux une plus grande extension.

Encore fut-elle longtemps retenue par les tarifs exorbitants mis en vigueur sur cette ligne.

En 1858, l'extraction du bassin était de 39,000 tonnes; en 1867, elle a atteint 177,000 tonnes.

Le hameau de Graissessac, qui ne comptait que quelques feux partagés entre les mineurs et les cloutiers, possède aujourd'hui une population ouvrière de 11 900 âmes.

IV. ALLURE GÉNÉRALE DES COUCHES.

Les travaux entrepris depuis lors ont mis à nu une vaste nappe houillère, dont les couches suivent toutes les inflexions du terrain.

Inclinées vers le nord, contre la roche encaissante qui les a comprimées en les redressant, elles s'étendent depuis la surface du terrain jusqu'à de grandes profondeurs, à la limite de la formation houillère.

On peut distinguer plusieurs périodes dans la série de leurs dépôts.

Les principaux accidents qui affectent les veines paraissent devoir leur origine aux dénivellations produites par l'ouverture des vallées et les cassures du terrain.

Les couches sont séparées par des alternances de grès fins et de schistes riches en empreintes.

La flore houillère y est représentée par des débris qui se rapportent aux fougères (*sphenophyllum, annularia brevifolia*.

Quelques calamites et de nombreuses variétés de cycadées, *stigmaria, sigillaria, pachyderma*, etc.

On n'a point encore trouvé d'empreintes de poissons (*amblypterus, palæoniscus*).

Le grisou y est peu fréquent.

V. CONCESSION, MODE D'EXPLOITATION.

Dans un aperçu aussi rapide que celui-ci, nous devons nous borner à esquisser à grands traits les points principaux sur lesquels s'est portée l'exploitation.

Elle est localisée actuellement dans les massifs supérieurs compris entre les vallées.

Ces montagnes houillères ont été percées de larges galeries qui ont recoupé un certain nombre de couches. Dans chacune d'elles a été créé un champ d'exploitation en rapport avec l'amont-pendage qu'elles présentent.

Les quatre concessions dont nous avons parlé plus haut portent les noms des territoires qu'elles comprennent.

Ce sont, en commençant à l'est : celle du Bousquet; celle de Boussagues; celle du Devois de Graissessac ; celle de Saint-Gervais.

Le massif houiller qui s'étend sous les concessions du Devois et de Saint-Gervais, est sillonné de nombreux affleurements.

Six couches principales sont actuellement exploitées vers la partie est de ces concessions. Elles s'y développent avec une grande régularité d'allure et de composition.

L'épaisseur totale de ces couches est de 13^m,48, contenus dans un massif de grès et de schistes de 84 mètres d'épaisseur ; soit un rapport de 15 p. 100 entre l'épaisseur du charbon et celle de la partie stérile.

Les ouvertures par lesquelles ces veines ont été attaquées sont au nombre de quatre, étagées sur le versant est de la vallée de Graissessac.

La montagne de la Padène, qui sépare les deux vallées de

Graissessac et de Camplong , et à travers laquelle ont été pratiquées les premières ouvertures , est comprise dans la concession de Boussagues.

Huit couches principales y sont exploitées; leur puissance en charbon varie entre 1^m,60 et 8 mètres , et elles forment une épaisseur totale de 20 mètres.

Le rapport entre l'épaisseur du charbon fin et celle de la partie stérile est, dans cette coupe, de 17 p. 100.

Les ouvertures sont percées à différents niveaux du côté de la vallée de Graissessac , et correspondent de l'autre dans celles de Camplong, sous le territoire de laquelle les veines prennent de nouveaux développements.

En profondeur, le terrain houiller a été recoupé par un puits de 4 mètres de diamètre, qui a permis de constater la continuité des dépôts dans toute leur régularité, avec toute leur puissance.

VI. CARACTÈRES PRINCIPAUX DES CHARBONS.

Les charbons de ces différents points présentent les variétés comprises entre les houilles grasses et demi-grasses.

Les plus gros occupent la partie centrale du bassin.

Dans la partie occidentale, les veines passent aux charbons maigres et anthraciteux.

Cette partie du terrain houiller a fait l'objet d'une concession particulière.

Les matières volatiles dans ces houilles varient entre 19 et 30 p. 100.

La teneur en cendres entre 3 et 15 p. 100.

VII. INSTALLATIONS EXTÉRIEURES.

La gare du chemin de fer de Graissessac à Béziers a été établie à la cote 287 mètres, au débouché de la vallée de Graissessac et à 2 kilomètres des mines les plus reculées.

La vallée élargie en ce point offre un espace suffisant aux

installations de préparations mécaniques, transformation des menus et ateliers qui y sont concentrés.

Les houilles descendent, par différents plans inclinés automoteurs, à un premier niveau occupé par une voie horizontale sur laquelle ils viennent s'embrancher, et qui, partant des exploitations les plus reculées, traverse le village de Graissessac et vient aboutir à un dernier plan incliné double qui commande la gare d'expédition d'Estréchoux.

Le matériel qui circule sur ces voies est celui de l'intérieur. La benne porte 500 kilogr.

Les charbons gros sont envoyés directement sur les quais de la gare; c'est en ce point qu'ils sont triés et défichés avant leur arrimage en wagons.

Les tout-venant sont arrêtés à 100 mètres en amont, sur de vastes estacades, d'où ils sont culbutés sur un jeu de cribles destiné à classer les grosseurs suivant les besoins du commerce et de l'industrie.

La différence de niveau entre cette première plate-forme et celle des quais d'expédition, rachetée pour le transport des gros par un plan incliné, a été mise à profit en ce point pour l'installation des criblages, des lavoirs et des ateliers du coke.

En haut se trouvent les cribles. De ce point, les charbons préalablement classés sont dirigés, suivant leur grosseur et leur destination, les uns directement sur la gare, les autres vers les ateliers de lavage établis parallèlement à un niveau inférieur. Plus bas sont disposés les bassins de dépôts des houilles lavées et les fours à coke.

Ainsi, les menus passent rationnellement et mécaniquement par les différentes manipulations qu'ils doivent subir suivant leur qualité.

Les fours à coke sont du système Appolt.

Vis-à-vis ces premières installations et de l'autre côté du ruisseau qui suit les sinuosités de la vallée, sont installées les machines à agglomérer et les ateliers de construction et de réparation du matériel et des machines.

Les machines à agglomérer employées à Graissessac débitent leurs produits sous la forme de briquettes du poids de 2 et de 5 kilogr.

VIII. DÉBOUCHÉ.

Les houilles en nature, les cokes et les agglomérés trouvent leur débouché sur toute la ligne du chemin de fer du Midi, depuis Cette jusqu'au pied des Pyrénées d'une part, et de l'autre vers Montpellier, Marseille et Toulon.

L'exportation par les ports de Cette et d'Agde en absorbe une certaine quantité, principalement pour alimenter la navigation à vapeur française dans la Méditerranée, la nature demi grasse de ces charbons les rendant très-propres à la production de la vapeur.

La séance de clôture a eu lieu à Béziers ce même soir à huit heures.

Nous ne reproduirons pas les paroles de bonne confraternité dont l'échange laissera de précieux souvenirs dans les cœurs de tous les membres assistants. Dix journées de bon commerce entre confrères, et de contact avec la nature, ne sont pas sans une heureuse influence sur ce que l'homme a de meilleur, le cœur et l'intelligence. Aussi nous réjouissons-nous personnellement d'avoir eu l'avantage de nous trouver placé, durant quelques jours, dans cette fortifiante atmosphère où se réchauffent les affections anciennes, où s'en créent de nouvelles, et où se puisent de précieuses directions. Soutenu par les premières, nous tâcherons de mettre les directions reçues à profit pour l'achèvement d'une tâche que nous considérons comme une dette incombant à la chaire de géologie que nous avons l'honneur d'occuper, celle d'établir la Carte géologique de notre département. Aidé par la libérale initiative du Conseil général de l'Hérault, nous avons à cœur de satisfaire au désir que sa sollicitude éclairée lui a suggéré, de posséder sur le territoire placé sous son administration les documents susceptibles de contribuer à sa bonne gestion et à sa prospérité.

L'agriculture veut connaître le sol qu'elle exploite; l'industrie veut en utiliser les richesses. Il nous appartient à nous, géologues, dont la mission est d'écrire l'histoire du globe qui nous porte, de nous préoccuper avant tout de sa constitution minérale, et de poser par cela même l'unique fondement de toute exploitation scientifique et raisonnée. Une carte minéralogique est pour l'agriculteur ce qu'est une carte topographique pour un chef d'armée : la base indispensable de ses opérations. Aussi nous livrons-nous par avance au soin d'extraire de nos données géologiques les documents utiles pour l'exécution d'une Carte représentant la nature minérale des principales régions naturelles de notre département. C'est dans ce but qu'indépendamment de la carte géologique que nous relevons au 80/1000,nous nous flattons de pouvoir un jour, avec l'aide de l'administration de l'Instruction publique et de MM. les Instituteurs, établir des Cartes communales à l'échelle du tableau d'assemblage du cadastre (dix ou vingt milliémes), dans le double but de propager les connaissances générales, et de détailler et de localiser les observations.

Nous avons été assez heureux pour pouvoir, dès ce soir même, exposer sous les yeux de l'assemblée une première ébauche de la Carte géologique de la commune de Béziers, dressée, sous notre direction, par les soins intelligents d'un frère de la Doctrine chrétienne, le frère Léothéricien, dont nous ne saurions assez louer le zèle, l'aptitude et l'activité.

Cette Carte porte, pour la distinction des terrains, des couleurs que nous avons cherché, dans les limites du possible, à mettre en harmonie avec les couleurs naturelles du sol, tout terrain étudié de près résumant en quelque sorte son individualité dans des caractères physiques spéciaux et distincts. Il nous a semblé que les populations de nos écoles, et avec eux toutes les personnes peu familiarisées avec les connaissances techniques, seraient par cette analogie entre les couleurs employées et celles de la région représentée, plus disposées à reconnaître la réalité et à demander l'explication des diversités naturelles qui se rencontrent dans la région qu'elles habitent et qu'elles ont le plus d'intérêt à connaître.

Le vif sentiment de notre dette et de la mission que nous avons reçue de propager les faits si intéressants et si féconds que nous révèle la Géologie, nous portera à ne reculer devant aucune démarche ni aucun moyen d'action qui pourront nous faire espérer d'atteindre notre but, que nous croyons utile, non-seulement à la prospérité matérielle, mais aussi à la moralisation de nos populations des villes et des campagnes.

Journée supplémentaire.

Course à la Gardiole.

Le mercredi 22 octobre, quelques membres de la Société, à leur retour vers Montpellier, acceptèrent la bonne invitation de l'un de nos confrères, M. Munier, et s'arrêtèrent à Frontignan pour examiner une mine de fer qu'il avait découverte et qu'il était à la veille d'exploiter ; après un repas où le vin du crû permit à nos confrères étrangers de faire bonne connaissance avec cette production si exquise et si locale de notre département, on se rendit au lieu de la mine, située dans un sol dont il n'est pas sans intérêt de connaître la constitution.

Frontignan est situé au pied d'une petite chaîne qui s'élève à une altitude faible (200 mètres au maximum), mais que les terrains bas et paludéens, le cordon littoral, l'étang et la mer qui s'étendent du côté du Sud, ne contribuent pas peu à rehausser par le contraste ; c'est la Gardiole ou Gardéole, qui occupe une surface elliptique dont le grand axe suit la direction N.E., et qui commençant à montrer ses roches massives et calcaires à la Castelle et à la Lauze, sur la route de Cette, se prolonge jusqu'à Cette même, qu'elle porte sur ses flancs escarpés sous le fort Saint-Pierre. Notre Carte montre ce bourrelet montagneux se détachant comme une île allongée de tout le pays qui l'entoure au Nord et au Sud, et permet en outre, par la couleur conventionnelle dont il est affecté, de reconnaître qu'il n'est qu'une portion du massif morcelé et discontinu qui forme la charpente des arrondissements de Lodève et de Montpellier ; les masses d'eau salée et d'eau douce qui sont venues à diverses époques recouvrir notre région, se sont logées dans ses dépressions, qu'elles ont comblées de leurs sédiments.

La Société dans sa première course avait reconnu, on se le rappelle peut-être, cette ancienne géographie de notre surface continentale, cette distribution d'autrefois des terres et des eaux qui a fait place à celle d'aujourd'hui, mais non sans laisser des traces parfaitement reconnaissables de ses premiers délinéaments.

C'est à l'époque jurassique que remontent les dépôts dont l'exhaussement ultérieur a formé cette charpente ; cette époque porte sa date non-seulement dans les caractères particuliers et locaux des sédiments qu'elle a vus se déposer dans notre région, mais aussi et surtout dans le cachet organique des flores et des faunes, ses contemporaines ; des calcaires à bancs parfaitement stratifiés, distincts, semblables à des gradins gigantesques, à pâte généralement fine et comme lithographique, conservent sur une grande étendue de pays une identité de structure et de grain qui permet à première vue de les distinguer de tous les autres plus récents ou plus anciens ; on les exploite dans plusieurs localités et tout particulièrement près de Frontignan, pour pierres de monuments funèbres ou de soubassement aux maisons et aux hôtels ; la présence d'ammonites et de bélemnites marquées, au point de vue spécifique, du millésime *oxfordien*, se rencontre sur une foule de points que multiplie tous les jours l'intelligente activité de notre confrère M. Munier. Ce sont, parmi les plus abondantes, la bélemnite appelée *Belemnites hastatus*, à cause de sa forme lancéolée (*hasta, lance*), et l'ammonite si reconnaissable à la tresse élégante qui la contourne, et qu'on a nommée *Am. cordatus*. Ces animaux fourmillent dans les parties marneuses, où l'on trouve à chaque pas les vestiges d'une troisième ammonite à plis allongés, étroits, nombreux et rapprochés, qui rentre dans le groupe des *A. plicatilis*. Ces marnes, par leur développement et leur position constante au-dessous des calcaires, établissent la réalité d'un horizon distinct dans la masse minérale constitutive de la montagne ; leur présence au-dessous de calcaires à bancs épais, forme en outre un double élément important dans la topographie et le pittoresque de notre petite chaîne. Par leur degré moindre de résistance à l'action des agents atmosphériques, elles ont provoqué l'établissement, dans la montagne, de dépressions plus ou moins étendues en long et en large, présentant sur les bords le contraste d'abrupts et de talus ; elles ont en outre, à la suite de cassures nombreuses qu'a subies le massif compacte et homogène, et en conséquence de leur facilité à céder aux mouvements et de l'appui insuffisant qu'elles prêtaient aux roches supérieures, produit des dérangements, des dénivellations, dont nous trouvons dans quelques combes des cas remarquables ; les formes massives de certains bancs calcaires, leur continuité rompue par le glissement, leurs surfaces blanchâtres, âpres et incultes, leurs arêtes vives et leurs faces abruptes contrastant avec les parties plus déclives, les pentes adoucies et les talus marneux, leur ont fait donner, dans la langue du pays, la désignation expressive de *rascle*, et dans une localité où l'effet atteint son plus haut degré, celle de *rascle de girascle*.

Un troisième élément pétrographique que sa constance

Combe de Raimbaut près Frontignan. (Gardiole)

A.Couches à nodules de Silex. B. Oxfordien marneux. Ox.C. Oxfordien calcaire.

au-dessous des deux premiers permet, malgré son peu de relief, d'élever à la hauteur d'un véritable horizon, se trouve généralement au fond des combes supportant immédiatement les marnes. La combe de Raimbaut, dont nous donnons la représentation dans le diagramme ci-contre, indique sa place en même temps que la disposition générale des deux horizons supérieurs ; au-dessous des marnes affleurent sous des inclinaisons quelquefois rapides, mais sans discordance, des calcaires nettement stratifiés, qui se distinguent à la première vue par leur teinte foncée et la présence au milieu de leur pâte de rognons siliceux très-abondants, plus ou moins volumineux, dont la couleur et la texture particulière se détachent à leur surface comme les nodosités du bois sur des planches rabotées.

Quel est l'âge de ces bancs siliceux ? font-ils partie du terrain oxfordien, ou datent-ils d'une époque antérieure ?

Leur caractères physiques et la présence du silex rappelleraient des dépôts jurassiques effectués antérieurement à l'oxfordien : les formes organiques qu'ils contiennent sont trop imparfaitement conservées pour résoudre la question, d'autant moins qu'une certaine similitude normale des animaux qui ont précédé immédiatement la faune oxfordienne avec les représentants de celle-ci exigerait, pour une suffisante distinction, un état parfait de conservation : toutefois certains traits d'organisation spécialement oxfordienne retrouvés sous la loupe, et surtout des inductions fournies par la position et les caractères de pétrographie pure, nous déterminent à rattacher ces bancs à la masse oxfordienne ; le sillon évasé d'une bélemnite (*B. latesulcatus*) qui la distingue d'un animal de la même famille contemporaine de la période antérieure, et, sur certains points, un passage incontestable du dépôt siliceux au calcaire oxfordien , permettent, sans autre preuve, d'admettre cette identification.

La Gardiole se trouverait donc tout entière réduite à trois unités pétrographiques : calcaire compacte au sommet, masse marneuse au milieu, bancs siliceux en bas; ceux-ci n'apparaissent au jour que lorsque les cassures ont été assez profondes pour les atteindre.

Il nous reste, avant de parler de la mine de fer, à indiquer d'un mot deux faits intéressants que la Gardiole nous présente : le premier est la modification minérale que certaines couches ont éprouvées, et qui consiste en ce que les couches calcaires sur certains points de leur étendue se sont imprégnées de magnésie, au point de donner lieu à une roche complètement nouvelle dans laquelle le carbonate de magnésie se trouve en parties égales avec le carbonate de chaux, combinaison qui constitue la *dolomie*. A Cette et sur le revers sud du massif de la Gardiole, la dolomie prend un grand développement : ce genre de modification est le même que celui que la Société a eu l'occasion d'observer dans la région de Cabrières, dès le quatrième jour de la Session [1].

---

[1] Notre savant collègue, M. Coquand, vice-président de la Session, vient de faire allusion à cette course supplémentaire, dans un travail récent inséré dans le fascicule du *Bulletin de la Société géologique*, pag. 128 (note), que nous recevons (18 juillet 1869) au moment même où nous corrigeons nos épreuves.

C'est avec bonheur que remplissant, après l'heure, le rôle de guide, nous avons dirigé nos confrères dans cette nouvelle région de l'Hérault; nous avons eu la satisfaction de les voir confirmer nos observations antérieures. Aujourd'hui nous nous permettrons de différer avec M. Coquand, sur un point qu'il aborde dans sa note, et qui n'avait pas été

Façade de la Gardiole au S.O de Launac.

A.Couches à nodules de silex. B.Oxfordien marneux .Ox,C.Oxfordien calcaire .L.Lacs.L'Tarlet.L".Mégé.

Le second fait que nous tenons à signaler est le cas remarquable d'une dislocation tout à fait locale, qui a eu pour résultat la répétition, sur une même façade, jusqu'à trois fois d'une même série formée de trois éléments constitutifs de la Gardiole : calcaires, marnes et bancs siliceux.

Si l'on gravit la Gardiole par son abrupt nord, en partant de la métairie Saint-Jean, près de Gigean, jusqu'à la petite masse d'eau stagnante appelée lac Mégé, à la limite des communes de Gigean, Fabrègues, Frontignan et Mireval, on constate très-aisément cette récurrence. (Voir le diagramme ci contre). Au contact des bancs siliceux et des marnes se trouve le plus souvent une mare ; celle près de Launac, au nord de Saint-Jean, deux autres un peu plus haut, celles de Farlet et de Mégé, décèlent à diverses hauteurs le retour du même horizon.

Ce fait résultant d'éboulement à la suite de cassures parallèles, ne se montre que sur une surface extrêmement

touché dans notre course : ce point porte sur le rôle des couches dolomitiques que l'on observe dans la Gardiole. Le savant professeur les donne comme surmontant les calcaires oxfordiens ; si le temps nous l'avait permis, nous l'aurions conduit sur une foule de lieux où l'on voit les couches calcaires se charger peu à peu de magnésie et finir par revêtir complètement les caractères chimiques et physiques de la dolomie. *Celle-ci ne constituerait donc pas un nouvel étage,* mais serait un simple faciès d'un étage bien déterminé. Cette manière de voir trouve une éclatante confirmation dans l'oxfordien si développé sur la route de Ganges à Saint-Laurent-le-Minier, où l'accident dolomitique *intra-oxfordien* se voit sur une grande échelle. Notre confrère M. Munier vient d'en constater un nouvel exemple dans l'oxfordien au sud de Sumène, au lieu dit le *Pont des chèvres ;* nous nous abstiendrons en ce moment de rechercher les conséquences qu'une opinion erronée sur le vrai rôle de la dolomie peut avoir sur le mode d'interprétation de la stratigraphie de ces mêmes régions.

restreinte ; la portion du massif qui fait face à Fabrègues au Sud, et celle qui à l'est de Gigean porte les ruines de Saint-Félix et s'abaisse entre Frontignan et Balaruc, sont formées par une série unique de calcaires et de marnes, au bas desquelles apparaissent les couches à silex.

Dans cette chaîne ainsi constituée, se sont opérées de nombreuses fractures en divers temps et dans divers sens, la direction N.E. ayant pourtant prédominé au point de s'imprimer d'une manière nette dans le relief de la chaîne entière : à travers ces cassures irrégulières, se sont fait jour des sources ferrugineuses qui ont encroûté leurs conduits de sédiments métalliques. Notre confrère M. Munier raconte dans son *Mémoire sur les gisements métalliques de la Gardiole*, la manière dont il est arrivé à découvrir ces richesses : nous citons textuellement son récit piquant et rendu sympathique par le souffle d'un généreux enthousiasme devenu trop rare de nos jours :

« Vous dire, cher Monsieur [1], comment j'ai été amené dans ce pays où le soleil fait tant pour l'homme, et l'homme si peu pour le soleil, serait hors de mon sujet ; qu'il vous suffise de savoir que, artiste et parisien greffé sur bourguignon, mon premier soin fut d'explorer ces montagnes stériles, où, le fusil à l'épaule, je pouvais des journées entières jouer au Robinson, courant d'un sommet à l'autre sans rencontrer âme qui vive. Que de précieuses émotions j'ai recueillies dans ces garrigues avant d'arriver à la grande chose dont nous parlerons tout à l'heure !

Leurs senteurs délicieuses, leurs immenses horizons, m'avaient subjugué tout d'abord. Je les dessinais sous tous leurs aspects, et honteux de ne les voir nulle part dignement repré-

---

[1] L'auteur s'adresse à M. Forcade, propriétaire du sol.

sentées. je dressai une carte de leurs parcours et de leurs sommets principaux.

J'avais, pour ce travail de Romain, laissé des lambeaux de ma chair aux fourrés de tous ces ravins; j'avais épuisé, bu à toutes ces fontaines, et petit à petit, de jour en jour, une transformation lente s'était opérée en moi à mon insu. Quelques miettes d'études classiques m'avaient jalonné la route (on n'enseigne guère la géologie au collége!). Cependant, alléché par les beaux échantillons des fossiles que je trouvais à mes pieds, j'étudiais des livres spéciaux, et bientôt ma solitude chérie m'apparaissait sous un nouveau jour : j'avais découvert une seconde garrigue. Le soir, je rentrais chargé d'un butin précieux mais pesant : les bélemnites, les ammonites, etc., s'entassaient dans mon atelier, au grand scandale de mes pinceaux ; le peintre avait fait place à l'apprenti géologue.

Le moment solennel approchait : l'homme élevé graduellement par le travail n'avait plus qu'un pas à faire, et, touchée sans doute de tant d'amour pour les rochers, la garrigue allait enfin livrer son secret à celui qui depuis deux ans lui consacrait tous ses loisirs, à lui, au casseur de pierres, objet d'hilarité et de dédain pour la suffisance bourgeoise des ignorants d'alentour.

La moindre circonstance, l'accident le plus futile, suffisent pour déterminer d'immenses révolutions quand sonne l'heure marquée par la Providence : une perdrix blessée et malmenée par ma chienne, me conduisit, cher Monsieur, sur le lieu même de votre propriété, où se trouve ma principale fouille.

L'aspect du sol et des pierres noires dont il était couvert me frappa. Un souvenir d'enfant me revint en mémoire : c'était dans la Nièvre, chez mon grand-père ; j'étais bien petit ; des Messieurs de Fourchambault et d'Imphy voulaient lui acheter un champ où l'on trouvait aussi des pierres noires, et le bon grand-père tira de son champ un prix fabuleux. Il n'en fallut pas davantage pour donner un nouvel et vif aliment à l'esprit d'observation et de persévérance dont V. Hugo prétend que sont habituellement doués les Bourguignons.

Je rentrais pensif et soucieux ; j'apportais des échantillons de ma trouvaille, et, quinze jours après, je recevais de Paris, où je les avais envoyés, une analyse détaillée confiée aux soins d'un professeur distingué, M. Jacquelain, et dont voici la copie textuelle :

« L'analyse du minerai de fer qui nous a été confié par M. Munier père résulte d'une moyenne de cinq unités environ d'un minerai de fer présentant, pour la presque totalité, les caractères d'un sesquioxide de fer hydraté, mais sous la forme de cristaux cubiques agglomérés à la manière de la pyrite cubique de fer.

C'est ce qu'on appelle une *épigénie*, c'est-à-dire une conversion lente et sans changement de forme d'un minerai de fer originairement pyriteux en sesquioxyde de fer, sous l'influence simultanée de l'air et de l'eau. Cet oxyde est d'ailleurs tout à fait exempt de soufre et de sulfate, résultat important à considérer pour l'exploitation, surtout si le filon se continue avec une pureté constante et une puissance suffisante.

En voici la composition :

Sesquioxide de fer......	84,500	= fer 58 à 59 %
Silice...............	2,300	
Alumine...........	1,700	
Magnésie...........	0,295	
Acide carbonique......	0,205	
Eau................	11,000	
	100,000	

On voit qu'il suffira d'une très-petite quantité de castine ajoutée au minerai pour en déterminer la fusion.

M. Munier cite plus loin dans son mémoire (pag. 16) d'autres analyses de M. Jacquelain :

1.et 2. Minerai de fer empâtant des blocs calcaires.
3.Minerai de fer dans les joints de couches de l'oxfordien.

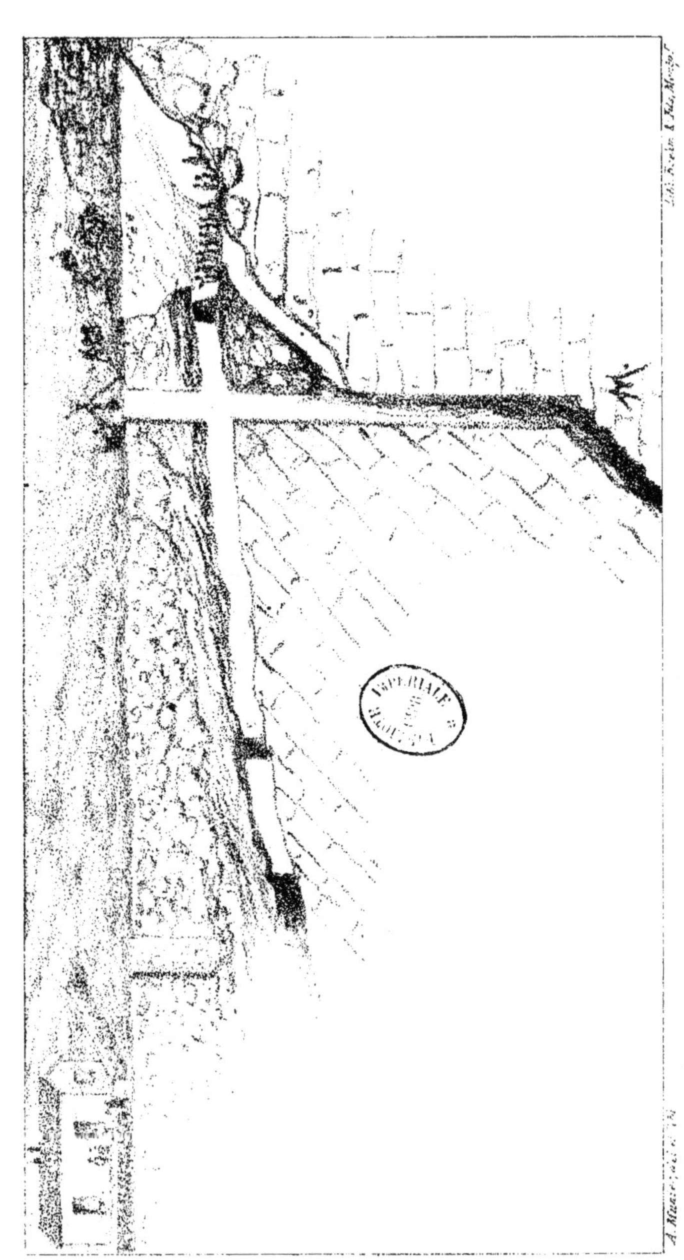

Mine de fer de la Gardiole. Puits d'exploitation.

A. Oxfordien.   B. Galeries.   F. Fer.

	Part. moyenne du filon.	Partie infér. du filon.	Hémat. brune de la roche.	Partie cristallisée.
Fer pur.....	54,21	55,66	61,35	53,52
Oxygène....	21,39	23,14	23,55	22,38
Alumine....	1.40	1,70	1,80	1,30
Magnésie....	0,30	traces	traces	traces
Chaux......	traces	traces	traces	5,00
Silice.......	10.10	5,30	1,60	2,80
Eau et traces d'ac. carb..	12,60	14,20	11,70	15,00
	100,00	100,00	100,00	100,00

Dans tous les minerais, dit M. Jacquelain, il existe un peu de fer à l'état de protoxyde; aussi le fer converti en totalité en sesquioxyde donne-t-il un chiffre qu'il convient d'indiquer à part; ainsi:

Sesquioxyde de fer = | 78,2 | 80,3 | 88,5 | 77,2

Les deux diagrammes ci-contre relatifs à la mine, représentent les relations du fer avec la roche encaissante : on le voit, figuré par la partie plus noire, envelopper des fragments de calcaire oxfordien représentés par une teinte plus claire, et sur d'autres points, s'insinuer dans les moindres interstices des couches, et s'épaissir dans les méats plus larges; ce qui, joint aux preuves tirées de ses caractères physiques, établit d'une manière irréfragable son origine aqueuse.

Le puits principal a 55 mètres de profondeur ; trois autres puits varient entre 12 et 18 mètres : les galeries creusées à 15 où 18 mètres au-dessous du niveau du sol, dans l'épaisseur même du minerai, atteignent actuellement une longueur de 200 mètres sur une largeur moyenne de $1^m,75$ et une hauteur de $2^m,25$.

Une analyse plus récente, faite à Bessèges, donne pour la composition du minerai en masse et du menu les chiffres suivants :

	Minerai en masse.	Menu.
Perte par calcination........	15,04	15,25
— silice............	5,50	10,00
— chaux...........	1.15	0,50
— alumine.........	3,10	4,30
— oxyde de fer......	71,30	70,15
	100	100
Fer............ =	52,72	49.10

Un fait intéressant est fourni par la présence, à une très-petite distance de la mine, d'un filon d'argile ferrugineuse pénétrée de fer pisolithique, en tous points identique à l'argile qui s'est épanchée sur une si large surface à Villeveyrac. C'est un minerai qui par sa quantité d'alumine rappelle celui qu'on exploite près des Beaux pour en extraire l'aluminium, et qu'on appelle beaucite.

Analyse faite à Bessèges.

Silice........................	31,70
Chaux.......................	2,01
Alumine.....................	23,70
Oxyde de fer.................	31,50
Eau.........................	11.70

Les conditions du gisement confirment la non-contemporanéité du minerai et des couches qui le renferment, établie déjà pour le minerai analogue de Villeveyrac.

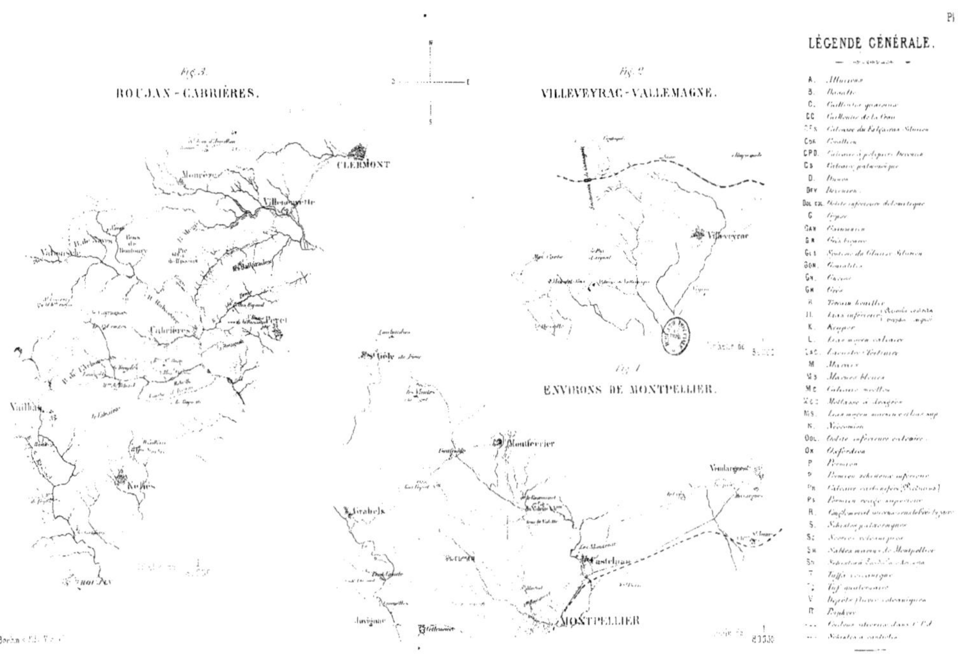

LÉGENDE GÉNÉRALE.

A. Alluvions
B. Basalte
C. Cailloutis quaternaire
CC. Cailloutis de la Craü
CFS. Calcaire du Falunien Silurien
Cor. Corallien
CPD. Calcaire à polypiers Devonien
Cs. Calcaire paléozoïque
D. Diluvien
Dev. Devonien
Dol ex. Dolonie supérieure dolomitique
G. Gypse
Gan. Garumnien
Gb. Grès bigarré
Gfs. Grès du Falunien Silurien
Gon. Gonalitiès
Gv. Gneiss
Gn. Grès
H. Terrain houiller
Il. Lias inférieur
K. Keuper
L. Lias moyen calcaire
Lac. Lacustre - Tertiaire
M. Marnes
Mb. Marnes bleues
Mc. Calcaire marnes
Mo. Mollasse à Aréger
Ms. Lias moyen marnes e calcaire sup.
N. Néocomien
Ool. Oolite inférieure calcaire
Ox. Oxfordien
P. Permien
Ps. Permien schisteux inférieur
Pm. Calcaire carbonifère (Permien)
Ps. Permien rouge supérieur
R. Conglomérat marnes saccharoïde de gypse
S. Schistes paléozoïques
Sc. Schistes calcaire gréseux
Sm. Sables marins de Montpellier
Sn. Schistes et Sables Néocomien
T. Tuffs volcanique
Tg. Tuf quaternaire
V. Dépots fluvio-volcaniques
П. Porphyre
--- Couches alternes dans l'Est
--- Schistes à gradins

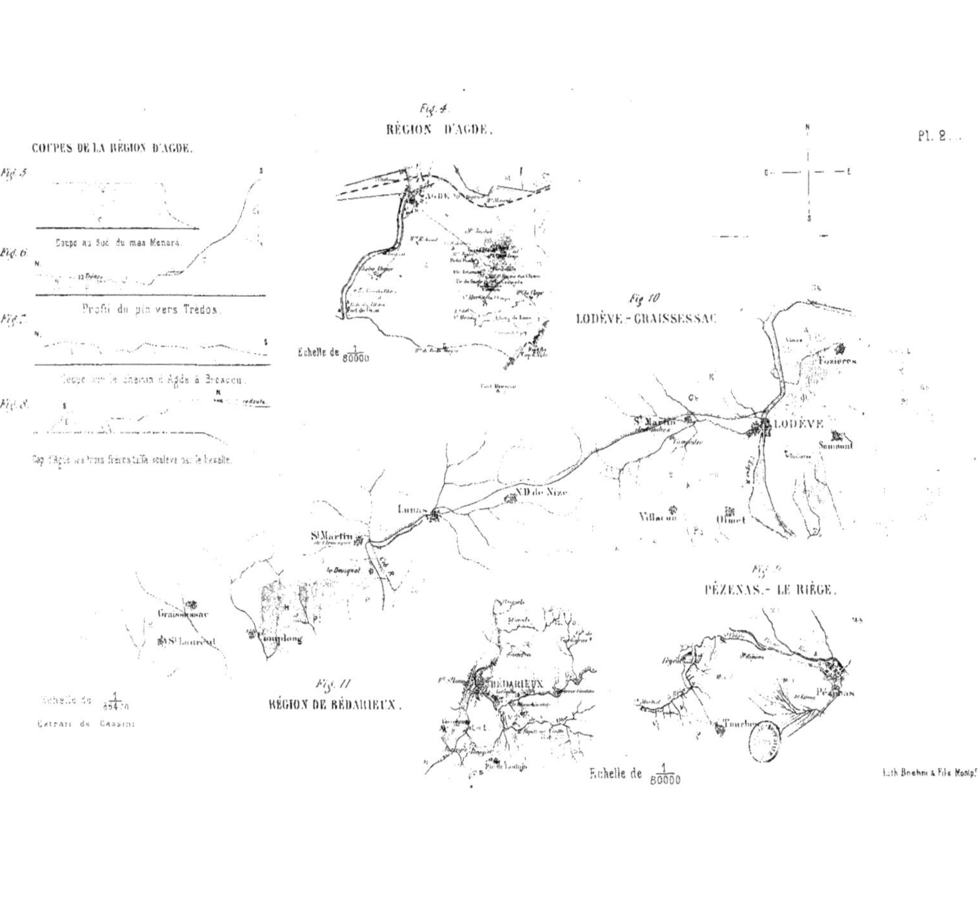
COUPES DE LA RÉGION D'AGDE.
Fig. 5
Coupe au Sud du mas Menara.
Fig. 6
Profil du pic vers Tredos.
Fig. 7
Coupe sur le chemin d'Agde à Bessan.
Fig. 8
Cap d'Agde les trois fractures feuilletées soulevées sur le basalte.
Échelle de 1/854.70
Extrait de Cassini
Graissessac
St Laurent
St Martin
Camplong
Fig. 4
RÉGION D'AGDE.
Agde
Échelle de 1/80000
Fig. 10
LODÈVE - GRAISSESSAC
St Martin
Lunas
N.D. de Nize
Villacun
Olmet
LODÈVE
Soumont
Fig. 9
PÉZENAS. - LE RIÈGE.
BÉDARIEUX
Pézenas
Touchon
Fig. 11
RÉGION DE BÉDARIEUX.
Échelle de 1/80000
Pl. 2
N
O - E
S
Lith. Boehm & Fils Montp.

NOTES

Nous plaçons à la fin de ce compte-rendu, ainsi que nous nous y sommes engagé pag. 9, l'explication des termes scientifiques dont l'emploi n'a pu être évité. Nous avons voulu rendre notre rédaction accessible à tous sans le secours d'aucun livre, regrettant seulement de ne pouvoir joindre la représentation des différents fossiles que nous avons énumérés, comme fournissant des documents importants pour notre géologie locale.

Les collections de la Faculté des sciences pourront au besoin suppléer à cette lacune.

Nous avons à dessein introduit dans notre vocabulaire quelques termes plus généraux, tels que *Roche, Horizon géognostique, Fossile, Niveau géologique, Faille, Terrain, Soulèvement,* etc., dont l'explication, qui nous appartient en propre, nous a paru devoir compléter les notions fondamentales de Géologie que nous avons essayé de résumer en quelques pages (9-16), et suffire pour initier aux principes généraux de la science géologique les personnes désireuses de n'y pas rester absolument étrangères.

Les descriptions spéciales des fossiles et des roches ont été rédigées à l'aide des ouvrages les plus autorisés : le *Manuel* de M. Pictet, pour la paléontologie, et les publications de MM. d'Omalius d'Halloy et Daubrée, pour les roches.

Les collections de la Faculté des sciences permettront de se familiariser avec l'aspect des divers roches : pour ces dernières, comme pour les fossiles, nous nous sommes borné à celles qui jouent un rôle important dans notre région géologique.

Notre Carte au 1/560000 est un essai tout nouveau de lithochromie fait dans les ateliers de MM. BOEHM ET FILS. Nous remercions M. le Directeur et tout le personnel des ateliers pour le soin qu'ils ont apporté à ce travail. Quelques défectuosités de l'outillage n'ont pas permis d'atteindre à un repérage parfait ; on se garantira facilement des erreurs qui pourraient, pour la lecture, provenir des bavures, en les relevant par avance, par un simple coup d'œil jeté sur la légende, où se sont nécessairement reproduits les empiétements d'une couleur sur l'autre.

VOCABULAIRE

A

Alet (Groupe d'). — Ensemble de couches aux environs d'Alet (Aude) marquées d'un caractère minéralogique et organique spécial, séparé, sous ce nom, par d'Archiac, des couches recouvrantes et des couches recouvertes.

C'est ce même groupe que M. le Professeur Leymerie a retrouvé dans la Haute-Garonne et auquel il a proposé de donner le nom de *Garumnien*. Dépôts et faune correspondant à une période de temps intermédiaire entre l'époque tertiaire et la période crétacée, rattachés par d'Archiac à la première, et par MM. Leymerie et Matheron à la seconde.)

Alluvions. — Dépôts opérés par un cours d'eau le long de ses rives, dépendant, pour l'étendue, du débit du cours d'eau ; pour la nature, de la constitution des lieux drainés par le cours d'eau.

Les Alluvions de l'Ergue n'ont ni l'importance, ni la nature de celles de l'Hérault. Celles de l'Orb sont aussi différentes.

Notre Carte générale ne porte que celles de l'Hérault.

Ammonites. — Famille de Mollusques éteinte ; connue seulement par une coquille cloisonnée à cloisons ramifiées, diversement ornementée à l'extérieur, circulaire, enroulée en spirale dans un même plan.

Animal rapproché des Nautiles actuels, de haute mer.

Amphibole — Espèce minérale donnant à l'analyse un silicate de chaux, de magnésie et de fer avec de l'alumine.

Couleur blanche, verte, noire. La variété noire se trouve le plus communément dans notre région, accompagnant les produits des éruptions de basalte.

Amphiboliques (Roches). — Roches composées d'amphibole seule ou associée à une autre espèce minérale.

Anomie (*Anomia*). — Genre de Mollusque vivant dans la mer. Valves très-inégales, presque toujours orbiculaires ou plates.

Arche (*Arca*). — Genre de Mollusque vivant dans la mer. Coquille a deux valves; charnière formant une longue ligne droite garnie de dents transverses.

Argile. — Roche composée de silice, d'alumine et d'eau dans des proportions très-variables, et souvent accompagnées d'oxyde de fer et d'autres matières.

Fait avec l'eau une pâte tenace. (V. le mot Marne).

Asaphe (*Asaphus*). — Genre de Crustacé de l'ordre éteint des Trilobites (V. ce mot). Animal à contour ovale et surface trilobée; yeux très-grands et réticulés; queue (*pygidium*) égale à la tête; thorax plus petit que la tête.

Avicule (*Avicula*). — Genre de Mollusque à deux valves, à charnière linéaire; bord cardinal prolongé à ses deux extrémités en des appendices allongés.

Vit encore aujourd'hui dans nos mers.

Avicula contorta. — Petite espèce, éteinte, qui se retrouve à un même niveau géologique (V. ce mot) dans toute l'Europe; ce qui lui a valu de donner son nom à un groupe de couches parfaitement déterminé, compris entre les périodes triasique et jurassique.

B

Bajocien. — Dénomination géographique tirée du nom de la ville de Bayeux (Bajoce) et appliquée par d'Orbigny à un groupe de couches de la période jurassique.

Les environs de Bayeux ont fourni les plus beaux types de la faune particulière à ces temps.

Basalte. — Roche compacte d'un noir tirant sur le bleuâtre, formée d'un mélange de trois espèces minérales (pyroxène, labrador, fer oxydulé), auxquelles une autre espèce (Péridot) est très-souvent associée en cristaux plus ou moins altérés, parfaitement distincts.

Basalte scoriacé. — Basalte criblé de cellules irrégulières.

Bélemnites. — Famille éteinte de Mollusques, connue seulement par la coquille qui était cachée dans l'intérieur du corps comme celle des sèches et des calmars : cette coquille se compose de trois parties : le rostre, l'alvéole et l'osselet corné ; on ne rencontre guère dans nos régions que le rostre et une partie de l'alvéole ; le rostre se présente sous forme cylindrique, ressemblant grossièrement à une petite quille ; il est plus ou moins aplati, et est souvent marqué de sillons plus ou moins profonds, dont la place, la longueur et le nombre varient avec l'époque géologique.

Les Bélemnites sont voisines de nos calmars et de nos sèches, et comme eux des animaux marins.

Bellerophon. — Genre de Mollusque éteint : coquille à une seule valve, enroulée comme celle des nautiles, mais non cloisonnée ; munie dans son milieu d'une carène ou d'un sillon longitudinal plus ou moins prononcé.

Brachiopodes. — Mollusques pourvus de bras ciliés ; coquille à deux valves inégales, équilatérales.

Vivent encore aujourd'hui dans nos mers.

Type : térébratule.

Une foule de genres éteints sont voisins de ce type : *Orthis. productus, calcéole*... etc.) (V. ces mots .

Brèche. — Roche formée par l'agglomération de fragments à arêtes vives, à angles à peine émoussés, témoignant de l'absence de transport violent et prolongé.

Brèche osseuse. — Brèche contenant des débris d'animaux au milieu des fragments qui les constituent.

Brèche du Tholonnet. — Brèche remarquable au Tholonnet près d'Aix (Bouches-du-Rhône). La compacité de ses éléments, leurs couleurs vives et variées, parmi lesquelles le rouge domine, la font exploiter comme marbre.

Cette brèche s'est formée en Provence au moment où le Groupe d'Alet (V. ce mot) se formait dans l'Aude.

C

Cailloutis. — Nappe de cailloux incohérents revêtant à un niveau quelconque des surfaces de terrains plus ou moins étendues, et décelant par la forme et le nombre des cailloux, des actions de transport énergiques et longtemps continuées.

Calcaire. — Roche formée uniquement de carbonate de chaux; donnant lieu à un fort dégagement de gaz acide carbonique sous l'action d'un acide quelconque.

Calcaire moellon. — Calcaire très-coquiller exploité pour moellon aux environs de Montpellier, datant de la période miocène de l'époque tertiaire.

Calcaire à polypiers V. le mot polypiers.

Calcaire palæozoïque V. le mot palæozoïque.

Calcéole (*Calceola*). — Genre de Brachiopode éteint, rappelant un peu par sa forme l'extrémité d'une chaussure; caractéristique de la période devonienne.

Caninie. — Genre de polypier spécial à l'époque primaire.

Capulus — Genre de Mollusque vivant; coquille univalve en forme de cône oblique, à sommet recourbé en crochet, s'enroulant même quelquefois en une petite spire.

Carbonifère (calcaire). — Calcaire déposé dans la mer que peuplait le genre de mollusque appelé Productus (V. ce mot).

A précédé immédiatement dans la série des temps géologiques la période Houillère.

Contient dans certaines localités quelques couches de houille entre ses bancs; d'où son nom de *carbonifère*.

Cardiole (*Cardiola*). — Genre de Mollusque éteint; bivalve, à crochets infléchis obliquement du côté buccal, ornementé de côtes rayonnantes et de plis concentriques qui se coupent en formant des sortes de tubercules.

Cardiola interrupta. — Espèce de cardiole particulièrement caractéristique des derniers temps de la période silurienne.

Caryocystites. — Genre d'Encrine (V. ce mot) éteint, spécial aux premiers temps de la période silurienne.

Cerithe (*Cerithium*). — Genre de Mollusque à une seule valve, vivant encore aujourd'hui ; coquille turriculée et allongée ; à bouche oblongue et oblique, terminée en avant par un canal court, tronqué ou recourbé, et en arrière par une gouttière plus ou moins marquée.

Chætetes. — Genre de Polypier éteint, spécial à l'époque primaire.

Cidaris glandifera. — Espèce d'oursin de la famille des Cidarides, à test à peu près sphérique, à zones porifères étroites, à baguettes en forme de glands.

Cluse. — Fracture de roches compactes, transversale à leur direction, les traversant de part en part.

Accident topographique très-fréquent dans les montagnes du Jura.

Concordance. — Deux terrains immédiatement superposés sont dits *concordants* ou *conformes*, quand les couches qui les composent ont une même direction et une même inclinaison par rapport à l'horizon ; les dépôts de la période du trias et ceux de la période liasique sont concordants dans toute la région de Lodève.

Conformité (V. Concordance).

Conglomérat. — Roche formée par l'agglomération de fragments arrondis, d'une grosseur moyenne, très-souvent étrangers à la région dans laquelle ils se trouvent.

Corallien (*Coral rag*, récif de coraux). — Groupe de couches où abondent les polypiers, déposées vers les derniers temps de la période jurassique, et témoignant de conditions coralligènes analogues à celles que l'Océan Pacifique nous présente aujourd'hui sur de grandes surfaces.

Cordons siliceux. — Veines de quartz noir lydien (V. ce mot), dans certains calcaires de la région de Cabrières.

Crau (La). — Plaine revêtue de cailloux (*Campus lapideus*)

Cailloutis de la Crau. — Nappe de cailloux de quartzites (V. ce mot) qui recouvrent la Crau.

Cyrènes. — Genre de Mollusque vivant de nos jours; coquille bivalve de forme arrondie ou trigone, dont la charnière a toujours trois dents sur chaque valve.

Habite les fleuves et les grandes rivières.

Leur présence dans des couches minérales révèle un milieu lacustre, ou des actions de transport.

Cythérée. — Genre de Mollusque vivant dans nos mers, très-voisin des *Venus* (V. ce mot).

D

Devonien V. pag. 3.

Discordance. — Deux terrains immédiatement superposés sont dits *discordants* quand les couches qui les composent ont une direction ou une inclinaison par rapport à l'horizon, respectivement différentes. Voir (pag. 42) les deux formations signalées près du village de Grabels.

Deux terrains se recouvrant en couches horizontales, ayant même direction, seront encore dits *discordants*, si l'un est déposé dans des dépressions de l'autre. On trouve des exemples très fréquents de ce dernier cas de discordance sur les bords de nos rivières qui ont déposé leurs cailloux dans des dépressions du sous-sol ; les lits de cailloux et le sous-sol quel qu'il soit, sont discordants.

Dolomie. — Roche composée de carbonate de chaux et de carbonate de magnésie ; remarquable par sa texture compacte, le plus souvent cristalline, sa structure parfois très-poreuse ; très-développée dans l'Hérault, où elle se montre en couches continues intercalées entre des couches calcaires (Mourèze), ou en taches irrégulières de forme et d'étendue, dans des calcaires de divers âges (Cabrières, la Gardiole, Ganges).

Dunes. — Monticules de sables sur les bords de la mer.

E

Encrines. — Animaux formant un ordre spécial dans la classe des Échinodermes.

Vivant de nos jours; la plupart ayant des bras ramifiés

composés d'un grand nombre d'articles, fixés au sol par un pédicelle plus ou moins long, composé lui-même de pièces articulées.

Érosion. — Action des eaux et des agents atmosphériques ayant pour résultat de diminuer l'étendue et l'épaisseur des roches.

Le langage ordinaire parle de pierres rongées par le temps : on dit encore : la rivière ronge ses rives. Ce sont des effets d'érosion. Les vallées de nos pays de plaines, formés de matières meubles, sont un effet d'érosion sur une plus grande échelle.

Évomphale. — Genre de Mollusque éteint, ressemblant beaucoup aux cadrans actuels (*Solarium*).

F

Faille. — L'endroit où la roche *faut*, manque. (Dict. Littré). On dit vulgairement qu'une maison *se lézarde* ou qu'elle a *fait un mouvement :* une faille n'est autre chose qu'une lézarde, un mouvement de la croûte terrestre qui a pour résultat de rompre la continuité des couches, et de mettre en contact, par élévation ou par affaissement de l'un des bords de la fente produite, des assises qui ne se correspondent pas.

Ces failles ou ruptures facilitent souvent la sortie des eaux et des gaz emprisonnés dans les couches profondes.

Favosites. — Genre de Polypier de l'époque primaire.

Feldspath. — Espèce minérale, d'apparence pierreuse, blanche ou rosâtre, ayant une composition du même type que celle de l'alun (sulfate double d'alumine et de potasse) : silicate double d'alumine et de potasse, ou de soude, ou de chaux.

Fossile. — Débris ou simples traces d'êtres qui ont vécu, trouvés à la surface du sol ou enveloppés dans des matières minérales meubles ou compactes ; la Géologie étant l'histoire du globe, le Fossile *est un document de cette histoire emprunté au règne organique ;* un débris d'os de Celte recueilli dans une tombe indique l'époque celtique, comme une empreinte de trilobite sur une roche quelconque indique l'époque palæozoïque ; un os humain exhumé d'un cimetière témoignera de l'époque contemporaine, comme un os de palæothérium, d'une période particulière de l'époque tertiaire.

Cette manière d'entendre la notion de fossile, en pleine harmonie avec les connaissance actuelles, a, entre autres avantages, celui de montrer le néant de la question de l'*homme fossile*.

Il va sans dire, que pour être utilisées avec fruit, ces sortes de documents devront, comme les documents purement historiques, remplir des conditions d'authenticité que nous ne croyons pas devoir énumérer ici.

G

Garumnien V. Alet (Groupe d').

Geysériens (Phénomènes). — Catégorie de phénomènes se rapportant à l'émission naturelle de gaz ou de vapeurs de l'intérieur du sol à l'extérieur. Les Geysers ou sources d'eau bouillante en Islande ont fourni le type des phénomènes dits geysériens.

Glauzy (Système de). — Groupe de couches renfermant une faune spéciale et constituant un relief de terrain qui s'appelle dans la région de Neffiez, le Grand et le Petit Glauzy.

Gneiss. — Roche ayant la composition du Granite (V. ce mot) : le Mica (V. ce mot) y est disposé en lits ou bandes qui donnent à la roche une structure schisteuse.

Goniatites. — Tribu éteinte de la famille des Ammonites (V. ce mot), caractérisée par des cloisons non ramifiées, mais sinueuses ou anguleuses.

Granite. — Roche formée d'un assemblage cristallin et grenu de trois espèces minérales : feldspath, mica et quartz (V. ces mots) ; le feldspath s'y distingue par son éclat gras, le quartz par son éclat vitreux, le mica par sa disposition en petites lames noires, blanches, uniformément disséminées dans la masse.

Grès. — Roche de sable plus ou moins grossier agglutiné par un ciment ; Grès *siliceux* ou *quartzeux* si le sable est composé de grains de quartz ; *calcaire*, si les grains agglutinés sont de carbonate de chaux.

Grès bigarré. — Roche de grès siliceux déposée dans les premiers temps de l'époque secondaire, au commencement de la période triasique, remarquable par la variété de ses couleurs et la constance de ses caractères, dans toutes les localités du globe où elle s'est formée. (V. le mot : Horizon géognostique).

Graptolite. — Genre éteint de Polypier, formé d'une tige en ligne droite ou courbe, tantôt dans un plan, tantôt en hélice, sur laquelle des cellules sont disposées en une seule série latérale ou sur deux séries symétriques.

Caractéristique de la période silurienne.

Gryphée. — Mollusque de la famille des huîtres, à crochet saillant, recourbé sur la ligne médiane.

Gr. arcuata (Gryphée arquée). — Espèce occupant un niveau très-déterminé (lias inférieur) (V. ce mot) et se présentant par milliers d'individus partout où elle se rencontre.

Gr. Cymbium. — Espèce occupant un niveau immédiatement supérieur à celui de la Gryphée arquée, niveau du lias moyen (V. ce mot).

Gypse (plâtre). — Espèce minérale composée de sulfate de chaux hydraté.

S'est formée dans nos régions durant la période du trias.

H

Helix (Escargot). — Genre de Mollusque vivant; à coquille univalve, déprimée ou globuleuse, dont l'ouverture est au moins aussi large que haute.

Animal vivant sur la terre ferme; sa présence dans des couches du globe indique des phénomènes de courants qui ont entraîné des matériaux continentaux, et avec eux des animaux terrestres dans un milieu lacustre ou marin.

Hemicosmites. — Genre éteint d'Encrine (V. ce mot) spécial aux premiers temps de l'époque primaire.

Hettange (Grès d'). — Couches de grès à Hettange, village de la Moselle, renfermant la faune d'une période intermédiaire entre celle du trias et la période dite jurassique, considérée par quelques géologues comme la fin de la première, par un plus grand nombre comme le commencement de l'autre.

Il va sans dire que cette faune peut se trouver ailleurs ensevelie dans des couches de toute autre nature que le grès, les matériaux sédimentaires ayant varié d'une région à l'autre (v. pag. 11, *proposition* 11); c'est ainsi qu'à l'Escandolgue quelques représentants de cette faune ont été rencontrés dans des bancs calcaires. Le niveau géologique de la faune seul subsiste; à l'Escandolgue comme partout ailleurs, elle se retrouve entre le trias et le jurassique.

Horizon géognostique. — Ensemble de caractères physiques, organiques ou topographiques, qui permet à une masse minérale de servir de point de repère ou de départ, pour fixer la place dans la série géologique des terrains recouvrants ou recouverts. Exemples : Horizon de l'*Avicula contorta*, du grès bigarré, du terrain houiller. (V. ces mots.)

Houille (de *Hulla*, vieux mot saxon) (charbon de terre). — Espèce particulière de combustible minéral, donnant à l'analyse du carbone, de l'hydrogène, de l'oxygène, de l'azote, le tout mélangé d'une petite quantité de matière pierreuse, principalement d'argile.

Houiller (terrain). — Période de l'époque primaire durant laquelle la végétation susceptible de donner la houille s'est particulièrement développée ; la houille, comme espèce de combustible minéral, a pu se produire à toutes les époques ; le nom de *terrain houiller* est spécialement réservé pour les dépôts d'une période exceptionnellement privilégiée au point de vue des circonstances favorables à la formation de ce combustible ; ces conditions se sont trouvées satisfaites simultanément sur tout le globe, dans les limites d'une même période de temps qui a suivi la période devonienne et précédé la période permienne.

I

Inocérame. — Genre de Mollusque éteint ; coquille à deux valves inégales, à crochets pointus et fortement recourbés ; charnière courte, droite, présentant une série de crénelures graduellement petites.

Presque exclusivement propre à la période crétacée.

J

Jaspe. — Espèce minérale faisant quelquefois fonction de roche (V. ce mot), composée de quartz (V. ce mot), mélangée d'argile et souvent d'oxyde de fer et de matières charbonneuses.

Compacte, opaque, rouge vif, jaune ou noir.

S'est plus particulièrement formé durant l'époque primaire.

Jura blanc. — Expression empruntée à la terminologie allemande et désignant les dépôts effectués dans les derniers temps de la période jurassique. Les roches déposées à ce moment sont généralement blanches, et contrastent par ce caractère avec les autres dépôts de la même période, dont les uns, les premiers effectués, sont généralement noirs, les autres bruns; d'où les noms de Jura noir, Jura brun, Jura blanc, appliqués respectivement à ces trois groupes successifs de dépôts.

La formation jurassique du midi de la France présente assez nettement ces trois zones.

K

Keuper. — L'un des trois termes de la série triasique (V. pag. 35).

L

Lacustre. — Ce mot indique des dépôts opérés dans des masses d'eau douce formant des lacs; le milieu *lacustre* se trahit par une faune spéciale; un certain nombre d'animaux ne pouvant vivre que dans l'eau douce, comme les physes, les planorbes, les lymnées, etc. (V. ces mots), il est logique de penser qu'une roche qui ne contient que des débris de cette sorte d'animaux n'a pas été déposée dans des eaux salées.

Certains caractères minéralogiques que présentent la pâte et la texture de la roche en question, paraissent particuliers à ce mode de formation.

Nous avons signalé dans notre légende générale trois formations lacustres: l'une inférieure à la mollasse, contenant des débris de palœotherium ; l'autre incluse dans la mollasse, celle de Saint-Siméon, Fontès, Caux, etc.; la troisième située à la partie supérieure des Sables de Montpellier.

Notre Carte générale ne montre que la première, les deux autres ayant dans notre région une épaisseur trop minime.

Leptæna. — Genre éteint de Brachiopode (V. ce mot); charnière longue et linéaire, présentant une dent sur la grande valve et une dent trifide sur la petite, crochet sans ouverture : pas de tubes sur le test.

Lias (*Lias*, en anglais, expression de carrier, venant peut-être de *layers*, lits, strates).

Nom donné à un groupe de couches déposées dans les premiers temps de la période jurassique; ce groupe a été subdivisé en partie inférieure (Lias inférieur), partie moyenne (*Liasien*, d'Orbigny), partie supérieure (*Toarcien*). (V. ces mots).

Lias inférieur { *Avicula contorta*. { Gryphée arquée?

Partie inférieure du lias subdivisible en deux sous-groupes, l'un caractérisé par l'*Avicula contorta* (V. ce mot); l'autre, supérieur, par la Gryphée arquée; le point d'interrogation qui suit ces deux mots dans notre légende, indique que la présence de la Gryphée arquée n'a pas été constatée d'une manière certaine dans notre région.

Lias moyen calcaire.

marneux.

Partie moyenne du lias composée, dans les couches inférieures, de calcaire, dans la partie supérieure, de marnes.

Liasien. — Nom donné par d'Orbigny à la partie moyenne du Lias.

Lithodendron. — Genre réuni aux Lithostrotion (V. ce mot).

Lithostrotion. — Genre de Polypier éteint, propre à la période silurienne.

Lydienne. — Sorte de jaspe (V. ce mot à texture schistoïde: couleur ordinairement noire; pierre de touche des orfèvres.

S'est déposée dans notre région en couches minces, sur des épaisseurs variables, durant la période devonienne.

Lymnée. — Genre de Mollusque vivant; une seule valve; coquille allongée dont le dernier tour est très-grand, à bord mince.

Vit dans les eaux stagnantes; témoigne d'un milieu d'eau douce quand elle se rencontre dans des couches du globe.

M

Marais. — Terrains non cultivés, très-humides ou incomplètement couverts d'une eau qui est sans écoulement, formant sur nos côtes une zone dont la superficie n'est pas moins de 4 600 hect., d'après M. l'ingénieur Régy. (*Mém. sur l'amélioration du littoral de la Méditerranée*, 1863, pag. 54.)

Les marais sont désignés par une hachure particulière dans notre Carte d'Agde, et confondus, dans celle du département, sous la lettre A, avec les alluvions auxquelles correspondent les surfaces laissées en blanc.

M. Régy (*ibid.*) comprend dans la zone des marais :

1° Les petits étangs ou parties d'étangs sans profondeur, s'asséchant d'eux-mêmes par le seul fait de l'évaporation pendant la saison chaude, laissant à cette époque leur terrain à nu, couvert de sel, complètement stérile et malsain ;

2° Certaines parties des grands étangs, dégénérant sur leurs bords en marais où viennent se réunir et croupir les eaux douces et salées, les plus insalubres des marais, produisant déjà quelques plantes palustres (*Juncus maritimus, acutus, articulatus, etc.*) ;

3° Les marais à plantes palustres en exploitation (triangles, souchets), plus ou moins insalubres suivant leur état et leur position, et dont les meilleurs, produisant des roseaux (*Arundo phragmites*), sont désignés, pour ce motif, sous le nom de marais roseliers.

M. l'ingénieur Duponchel, dans ses intéressantes *Études sur le dessèchement des marais du littoral de la Méditerranée* (*Ann. des Ponts et chaussées, 4e sér., 1861, 2e sem.*), attribue la présence des marais sur nos côtes à l'action des atterrissements du Rhône qui, sous l'influence du courant littoral et des vents régnants, se déposent dans la partie littorale de notre région et y forment des lagunes que comblent peu à peu les divers cours d'eau qui s'y jettent.

Voir aussi l'article *Marais* dans les *Notes sur Frontignan*, de notre confrère M. A. Munier.

Marne. — Roche généralement peu compacte, formée d'un mélange naturel, en des proportions variables, de calcaire et d'argile, auxquels se trouve presque toujours associé un peu de sable, et qui est propre à amender et à engraisser certaines terres.

Marne calcaire, argileuse, suivant la proportion prédominante du calcaire ou de l'argile.

Marnes bleues. — Dépôt très-épais et très-étendu qui s'observe sur une très-grande partie du pourtour de la Méditerranée, contenant des débris d'êtres marins qui ont vécu durant l'époque tertiaire.

Marnes irisées. — Dépôt de marnes présentant des couleurs variées, forme ordinaire du groupe de couches appelé *Keuper* (V. ce mot).

Mastodon (Mastodonte). — Genre éteint de Mammifère, très-rapproché de nos éléphants actuels, dont il se distingue par la forme de ses dents : couronne simple, hérissée de mamelons coniques, réunis de manière à former un certain nombre de collines transversales qui ne sont point réunies par du ciment.

Mastodon brevirostris P. G. — Espèce qui a vécu sur notre continent pendant le dépôt des sables de Montpellier ; les débris de l'animal mort ont été entraînés par des courants dans la mer au milieu des sables ; il s'en trouve assez souvent dans nos sablonnières de Figairolles, de la Citadelle, de la Pompignane, etc.

Mastodon longirostris. Kaup. — Espèce caractéristique du Miocéne supérieur.

Elle n'a pas été signalée dans notre texte, parce que la localité où elle a été trouvée n'est pas comprise dans l'itinéraire de la Société.

Toutefois, nous la mentionnons et la figurons ici (V. dessin ci-contre), à cause de son importance au point de vue de l'âge géologique de nos formations.

La dent figurée dans deux positions différentes et réduite à la moitié de sa grandeur, a été recueillie par notre confrère M. Charles de Grasset, et déterminée par MM. Lartet et Pomel.

Elle provient des environs du château de Coussergues, au N. O. d'Agde ; elle a été trouvée dans une couche immédiatement supérieure aux marnes jaunes de la mollasse et sous le cailloutis siliceux.

Ce même horizon s'observe dans les mêmes relations au sud de Béziers, sur la colline qui porte Notre-Dame ; nous y avons recueilli de gros ossements encore indéterminés.

Mélanopside. — Genre de Mollusque vivant, univalve, ayant la columelle tronquée et séparée du bord droit par un sinus.

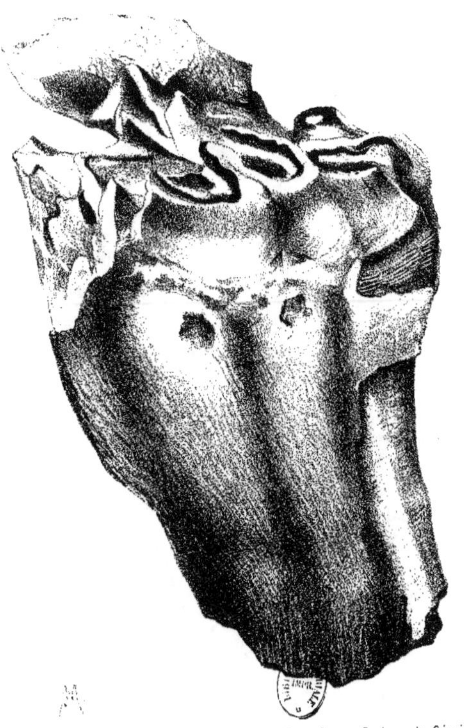

Portion de molaire inférieure du Mastodon longirostris. (Kaup).

[illegible]

[illegible]

[illegible]

[illegible]

[illegible]

[illegible]

[illegible]

Vit dans les fleuves ; témoigne d'actions de transport ou de milieu lacustre quand il se trouve dans une couche du globe.

Mica. — Espèce minérale foliacée, divisible en feuillets minces, élastiques, à surface brillante, couleurs diverses, composée de silice, d'alumine, de potasse, de chaux, d'acide fluorique, et quelquefois de lithine.

Micaschiste. — Roche composée d'un mélange de quartz et de mica, ayant une structure schistoïde (V. ce mot).

Miocène V. pag. 14.

Moellon V. le mot Calcaire.

Mollasse. — Ce mot a une double signification : au sens minéralogique, il signifie un grès argileux ou calcaire ; au sens géologique, il désigne une roche de nature gréseuse, calcarifère ou quartzeuse, dure ou tendre, *déposée durant la période miocène* (V. pag. 14) de l'époque tertiaire.

Mollasse à dragées. — Mollasse pétrie de fragments ellipsoïdaux de quartz blanc, translucide, rappelant des dragées.

N

Néocomien. — Groupe de couches déposé durant les premiers temps de la période crétacée (V. pag. 35), renfermant une faune particulièrement développée aux environs de Neufchâtel (Suisse), d'où son nom : *Neocomum, Neufchâtel*).

Niveau Géologique. — Place qu'occupe dans la série des terrains un groupe déterminé de couches.

Cette place a été reconnue la même pour un même groupe sur toute la surface du globe observée.

Ainsi, pour nous en tenir au tableau des formations géologiques de notre département (pag. 35), partout où sur le globe on a observé l'existence du *Grès bigarré*, on a constaté sa postériorité par rapport à l'un quelconque des termes de la série qui le précèdent dans ce tableau, et son antériorité par rapport à l'un quelconque de ceux qui l'y suivent.

Il en serait de même pour les différents terrains et les différentes subdivisions de chacun d'eux.

Deux terrains ou groupes quelconques de couches, *a faune identique*, si grande que soit la distance géographique qui les sépare, et la différence des éléments sédimentaires qui les constituent, occupent le même terme de la série.

Cette identité de situation est d'ordinaire traduite par l'expression de *contemporanéité* ou de *synchronisme* V. ce mot); quelques auteurs anglais ont avec raison proposé de substituer à ces dénominations celle plus rigoureusement précise d'*homotaxie* (Ὅμοια τάξις, même place). V. le mot Synchronisme.

O

Oolite. — Nom donné en Angleterre à la série des couches qui ont immédiatement suivi le dépôt du Lias V. ce mot), et précédé la période crétacée ; la structure qui les caractérise et qui est en forme de grains ressemblant à des œufs en pierre ὠόν, œuf; λίθος, pierre), a motivé cette appellation.

Plus tard on reconnut que la même succession de faunes qui caractérisait la série oolitique d'Angleterre, se représentait absolument la même en France dans les calcaires et les marnes qui constituent nos montagnes du Jura. La structure oolitique ne s'y retrouve qu'imparfaitement et localement développée. On a dès-lors, en France, substitué la dénomination de terrain jurassique à celle de terrain oolitique ou d'oolite.

Oolite inférieure.—Partie inférieure de la grande formation autrefois appelée oolitique.

Le nom d'oolite a illogiquement subsisté dans cette appellation, même en France ; elle désigne le groupe particulier de cette formation qui a immédiatement suivi le dépôt du Lias.

—— *dolomitique, calcaire.* — Désignations minéralogiques de la forme sous laquelle ce groupe particulier se présente dans notre région, sous forme de dolomie ou de calcaire (V. ces mots).

Orthis. — Genre éteint de Brachiopode (V. ce mot), présentant une ouverture au crochet pour le passage des muscles; test sans tubes; charnière droite composée de deux dents sur la grande valve, entrant dans deux fossettes de la petite.

Orthocératite. — Genre éteint de Mollusque, vrai nautile à coquille droite au lieu d'être enroulée.

A vécu durant l'époque primaire et les premiers temps de
l'époque secondaire.

Oxfordien. — Partie moyenne de la grande formation autrefois appelée oolitique : groupe de couches postérieur au dépôt de
l'oolite inférieure, particulièrement développé au point de vue de
sa puissance et de sa faune aux environs d'Oxford (Angleterre):
d'où son nom.

P

Palagonite. — Sorte particulière de tuffa (V. ce mot) observée
pour la première fois dans la localité appelée Palagonie dans
le Val-di-Noto en Sicile; d'où son nom.

Palœotherium — Genre éteint de Mammifère rappelant les tapirs
par ses formes extérieures; dents inférieures ayant des croissants à convexité externe.

A vécu sur notre continent aux bords du grand lac où se
sont déposés nos sédiments lacustres (V. Carte générale); ses
débris ont été entraînés dans le lac par des courants.

Palæozoïque. (Παλαιός, ancien; Ζώον, animal).

Expression désignant les dépôts opérés durant l'époque primaire, dont la faune est en conséquence très-ancienne.

Synonymie de primaire (V. pag. 13).

Palæozoïque (Calcaire). — Calcaire déposé durant l'époque palæozoïque ou primaire, dont les débris organiques se rattachent
à cette faune très-ancienne.

Paludine. — Genre vivant de Mollusque; coquille univalve, mince :
operculée, à bouche modifiée par l'avant-dernier tour, présentant un angle vers son bord postérieur.

Vit dans l'eau douce; indice de formation lacustre pour les
couches terrestres qui en renferment.

Peigne (Pecten). — Genre vivant de Mollusque, marin, bivalve; deux
valves bombées, inégales, auriculées; charnière sans dents;
fossette cardinale triangulaire et intérieure; la plupart ont des
côtes rayonnantes.

Pentamère. — Genre éteint de Brachiopode (V. ce mot); coquille
divisée à l'intérieur en cinq parties par des lames émanant de
l'une et de l'autre valve.

Pépérine.—Roche grise, terreuse, tendre, d'origine volcanique, dans laquelle on distingue souvent des cristaux de pyroxène, des lames de mica, du fer oxydulé et de menus débris de roches.

Péridot.—Espèce minérale vitreuse, vert bouteille, donnant à l'analyse de la silice, de la magnésie, du protoxyde de fer, du manganèse.

Se trouve généralement développée en masses visibles, amorphes ou cristallisées, dans le basalte.

Pétoncle (*Pectunculus*). — Genre vivant de Mollusque, marin, bivalve; les dents de la charnière formant un arc dans leur ensemble.

Pisolithique. — Structure en forme de grains arrondis, simulant des pois en pierre (πίσος λίθος).

Planorbe.—Genre vivant de Mollusque à coquille enroulée presque dans le même plan et à tours peu croissants.

Vit dans les eaux stagnantes : très-bon indice de formation lacustre pour les dépôts qui en renferment.

Polypier.—Masse pierreuse calcaire que forment certains polypes en se soudant par la partie charnue de leur corps, et restant libres seulement dans la partie cylindrique qui se termine à la bouche.

Ce sont ces masses pierreuses qui forment les récifs de polypiers actuels du Pacifique, et qui ont, pendant la période jurassique en particulier, produit les bancs de calcaire blanchâtre auxquels on a donné spécialement le nom de bancs de polypiers (*Coral rag*) (V. le mot Corallien).

Polypiers (*Calcaire* à). Bancs calcaires contenant un grand nombre de polypiers.

Porphyre.—Roche formée d'une pâte de feldspath (V. ce mot) amorphe, renfermant des cristaux discernables, plus ou moins développés, de feldspath.

Posidonomye. — Genre éteint de Mollusque, voisin des Avicules (V. ce mot); en diffère parce que les valves ne sont pas échancrées à la base.

Productus. — Genre éteint de Brachiopode (V. ce mot), auriculé ;

grande valve très-convexe, à crochet recourbé; test perforé par des tubes épars accumulés surtout vers les oreillettes.

Le maximum de développement du genre Productus caractérise une période spéciale à laquelle des raisons locales ont valu le nom de calcaire carbonifère (V. le mot Carbonifère).

Poudingue (de l'anglais *Pudding stone*), à cause de son aspect analogue au plum pudding.

Roche composée de fragments roulés et soudés.

Pouzzolane. — Roche d'origine volcanique: très-abondante à Pouzzole, en Italie; d'où son nom.

Composée de fragments de basalte scoriacé (V. ce mot); employée pour faire des mortiers hydrauliques remarquables par leur solidité.

Physe. — Genre de Mollusque ne différant de la Lymnée (V. ce mot) que parce que la bouche est normalement du côté gauche (Lymnée sénestre).

Même habitat que les Lymnées.

Pyroxène. — Espèce minérale verte ou noire, donnant à l'analyse de la silice, de la chaux, de l'oxyde de fer et de la magnésie.

La variété noire fait communément partie du cortége des substances d'origine volcanique

Q

Quartz. — Espèce minérale composée de silice pure.

Se présente en grosses masses au milieu des schistes, ou en bancs au milieu de couches bien réglées, ou en fragments plus ou moins roulés, revêtant quelquefois des surfaces étendues (V. Cailloutis).

Quartzite. — Roche de quartz grenu, grains de quartz agglutinés par un ciment siliceux.

Les cailloux si nombreux de la plaine de la Crau, qui s'étendent jusque près de Montpellier, sont pour le plus grand nombre des quartzites.

Quaternaire (Époque). — Intervalle des temps géologiques compris entre l'époque tertiaire et l'époque actuelle, caractérisé par

la prédominance des genres|d'animaux et de plantes vivant de
nos jours, mais répartis à ,la surface du globe autrement
qu'ils ne le sont aujourd'hui.

Notre région a été durant cette époque peuplée de rhinocéros, d'éléphants. d'hyènes, de rennes, etc.

R

Rhinocéros. — Genre de Mammifère actuellement vivant.

Rhinoceros megarhinus. — Espèce aujourd'hui éteinte, qui a vécu
durant le temps où les sables de Montpellier se déposaient
dans la mer, et dont les débris ont été entraînés par les eaux
au milieu des sables.

Roche. — Masse minérale d'une composition déterminée, entrant pour
une grande part dans la constitution du globe terrestre.

L'expression essentiellement géologique de *roche* correspond
assez exactement à la notion vulgaire de *sol*. Le langage ordinaire
distingue des sols calcaires, argileux, sableux, granitiques; le
géologue, de son côté, distingue le calcaire, l'argile, le sable,
le granite, comme autant de roches particulières. Toutefois,
nous devons faire observer que la dénomination générale de
sol siliceux ne correspond pas à une roche spéciale, la silice
pouvant se trouver dans un grand nombre de roches (granite,
micaschiste, grès, calcaire, sable, etc.), en quantité suffisante
pour donner lieu à un sol siliceux.

Rognac (Calcaires de). — Groupe de couches calcaires développées
à Rognac (Bouches-du-Rhône), renfermant une faune spéciale
que M. Matheron retrouve dans les calcaires qui forment les
rochers dentelles de l'abbaye de Valmagne.

En Provence comme à Valmagne, ces couches supportent
immédiatement les dépôts rutilants du Garumnien (V. ce mot).

S

Sable. — Roche meuble, siliceuse ou calcaire, ou tout ensemble siliceuse et calcaire, variant par la grosseur de ses grains incohérents.

Sables marins de Montpellier. — Sables siliceo-calcaires étendus sur une grande surface aux environs de Montpellier, constituant la butte sur laquelle la ville est bâtie ; ils contiennent des bancs d'huîtres (*Ostrea undata*), et autres animaux marins qui témoignent de leur dépôt dans un milieu d'eau salée, ainsi que des débris d'animaux terrestres (V. Rhinocéros), indices de transports par des courants fluviatiles.

Schiste (du grec Σχίζω fendre, à cause de la facilité avec laquelle la roche ainsi nommée peut se réduire en feuillets), roche formée d'un silicate d'alumine hydraté, à structure feuilletée, indélayable dans l'eau, ce qui la distingue de l'argile.

Certaines variétés de schiste fournissent les ardoises.

Schistes à cardioles. Schistes noirs, peu épais, contenant des nodules de calcaire avec des cardioles (V. ce mot).

Schistes palæozoïques. Schistes datant de l'époque primaire et contenant des fossiles de cet âge du globe.

Schistes quartzeux ou siliceux. Schistes contenant du quartz.

Schisteux ou schistoïde (Structure). — Propriété d'une substance minérale de se cliver en feuillets, à la manière des schistes.

Schizaster. — Genre d'Oursin vivant dans nos mers actuelles, dont l'ambulacre impair est logé dans un sillon très-profond ;

Représenté par des espèces éteintes à l'époque tertiaire. Quelques-unes ont laissé leurs débris dans des dépôts de nos environs qui datent de la période miocène.

Scories volcaniques. — Fragments plus ou moins considérables de basalte scoriacé (V. ce mot).

Serpule. — Genre d'Annélide actuellement vivant, qui sécrète des tubes calcaires, irrégulièrement contournés, à ouverture terminale arrondie ; vit en société sur les côtes.

Les serpules de la période crétacée nous montrent les mêmes habitudes ; le marbre serpulaire de La Valette résulte d'un groupement sur place de milliers d'individus de ces annélides tubicoles.

Silex. — Variété de quartz (V. ce mot) généralement blonde et translucide sur les bords.

Siliceux. — Synonyme de quartzeux, formé de quartz (V. ce mot).

Silurien V. pag. 13.

Solen (Manche de couteau). — Genre de Mollusque marin actuellement vivant, à coquille très-allongée, très-bâillante aux deux extrémités.

Se trouve en grand nombre dans certains dépôts de l'époque tertiaire; exemple : notre pierre de Cannelles datant du Miocène.

Soulèvement. — Expression introduite dans le langage géologique dès les premiers temps où l'on commença d'observer et de décrire les inégalités de la surface de la terre; revêtue d'un caractère plus particulièrement scientifique dans les mémorables travaux de M. Élie de Beaumont, sur les *Systèmes de soulèvements*, en 1829.

Cette expression avait l'inconvénient de paraitre attribuer à toute inégalité un peu considérable, un mouvement de *bas en haut* pour origine; afin de demeurer plus fidèle au grand et fécond principe de dynamique terrestre, consistant dans la contraction incessante du globe sous l'influence du refroidissement, et devant, comme conséquence logique, déterminer dans la croûte du globe un mouvement initial centripète ou de *haut en bas*, l'illustre auteur de la *théorie des soulèvements* a depuis 1852 substitué à l'expression de *système de soulèvements*, celle plus générale de *Système de montagnes*.

Soulèvement du mont Ventoux (Système du). — Cette expression doit être remplacée par celle de *Système du mont Ventoux*, qui groupe sous un même chef toutes les parties du relief terrestre affectant la même direction que le massif montagneux dont le mont Ventoux fait partie.

Spirifer. — Genre éteint de Brachiopode V. ce mot, spécial à l'époque primaire et qui se retrouve à une période plus récente, celle du lias (V. ce mot);

Coquille subtriangulaire et souvent en forme d'aile; charnière linéaire; sinus prononcé sur la valve dorsale correspondant à un bourrelet saillant qui marque le milieu de la valve ventrale.

Synchronisme. — Même signification en géologie que dans le domaine de l'histoire; deux terrains sont dits *synchroniques* quand ils peuvent être rapportés à une même époque. On sait qu'en géologie le sceau du synchronisme est imprimé par l'identité des organismes (Voir le mot Niveau géologique).

T

Talcschiste. — Schiste où domine une espèce minérale appelée talc et formée de silice et de magnésie.

Schiste savonneux au toucher; abonde dans les Cévennes.

Date des premiers temps du globe; s'est reproduit à l'époque primaire.

Tap bleu. — Expression languedocienne désignant le dépôt des marnes bleues (V. ce mot) qui supporte nos sables marins et qui fournit la matière première pour les tuiles et les poteries grossières.

Telline. — Genre de Mollusque vivant dans nos mers ; coquille à deux valves allongées ou orbiculaires, presque toujours minces et aplaties, présentant à l'extrémité inférieure du tube digestif un pli plus ou moins marqué, flexueux et irrégulier; chaque valve porte une ou deux petites dents cardinales et ordinairement deux latérales.

Tentaculite. — Débris organiques dont on ne connaît pas la vraie place dans la série ; bras d'Encrine ?

Térébratule. — Genre de Brachiopode (V. ce mot) représenté dans nos mers actuelles par quelques rares individus.

Coquille à deux valves, dont la plus grande est percée par une ouverture ronde séparée de la charnière par une ou deux petites pièces nommées *deltidium*.

Genre très-important pour l'histoire du globe ; très-riche en espèces.

Terrain. — Nom général donné d'une manière indifférente à un groupe, d'un ordre quelconque, de couches reliées entre elles par un même caractère organique (V. pag. 16, propos. 25).

Tertiaire. — V. pag. 3.

Tholonnet. — V. le mot Brèche.

Toarcien. — Nom tiré de Thouars (Deux-Sèvres) et donné par d'Orbigny aux derniers dépôts du lias (V. ce mot).

Synonyme de lias supérieur.

Très développé et très-riche en débris organiques à Thouars;

Toxaster. — Genre d'Oursin qui n'a vécu que pendant l'époque crétacée; ambulacre antérieur dans un sillon; les autres subpé-
taloïdes peu enfoncés; bouche en avant du milieu; anus au-
dessus du bord postérieur.

Travertin. — V. Tuf.

Trilobites. — Famille de la classe des Crustacés complètement
éteinte; a vécu pendant les premiers temps de l'époque primaire.

Corps allongé, divisé par deux sillons longitudinaux en trois
lobes; d'où leur nom qui leur a été donné par Al. Brongniart.

Leur corps se compose de trois parties distinctes: l'antérieure appelée bouclier, rappelant assez bien la partie antérieure du crustacé actuel appelé limule; la seconde nommée
thorax; la troisième désignée du nom de pygidium.

Famille établie par Al. Brongniart, particulièrement étudiée
par M. Barrande, qui est parvenu, à la suite de recherches
persévérantes dans le terrain silurien de Bohême, à saisir les
traits les plus intimes de l'organisation de ces animaux et à
surprendre les différentes phases de leur accroissement.

Tuf. — Calcaire formé par voie de concrétion, dont la texture est très-
variée; celluleux ou compacte: cette dernière variété fournit
le travertin.

Tuf quaternaire. Tuf déposé durant l'époque quaternaire.
Ex.: celui de Castelnau près Montpellier.

Tuffa. — *Tuf volcanique.* Synonyme de pépérine, de palagonite, de
pouzzolane (V. ces mots).

V

Vénus. — Genre de Mollusque vivant dans nos mers; coquille à deux
valves égales, ovale, arrondie ou subtriangulaire; charnière
à trois dents cardinales divergentes, assez fortes.

X

Xiphodon. — Genre éteint de Mammifère.